FORMATION

SIMULTANÉE

DU PLATEAU ET DES VALLÉES

DE LA BRIE,

PAR

Victor PLESSIER.

2e Édition, précédée d'une Introduction et beaucoup augmentée.

PROVINS :

LEBEAU, Imp.-Libr., Éditeur de la *Feuille de Provins ;*

PARIS :

F. SAVY, Éditeur, Libraire de la Société géologique de France et d'Angleterre, rue Haute-Feuille, 21 ;

1868.

FORMATION

SIMULTANÉE

DU PLATEAU ET DES VALLÉES

DE LA BRIE.

FORMATION

SIMULTANÉE

DU PLATEAU ET DES VALLÉES

DE LA BRIE,

PAR

VICTOR PLESSIER.

2e Édition, précédée d'une introduction
et beaucoup augmentée.

PROVINS :

LEBEAU, Imp.-Libr., Éditeur de la *Feuille de Provins;*

PARIS :

F. SAVY, Éditeur, Libraire de la Société géologique de France et d'Angleterre,
rue Haute-Feuille, 24;

1868.

PRÉFACE.

Toute idée a son histoire : Je n'ai pas cherché le mode de formation du terrain tertiaire, et si je l'ai découvert, comme je le crois, c'est en me livrant à une étude *du caractère et de la dénomination des principaux cours d'eau de la Brie.*

Cette seconde édition ajoute de nouveaux faits à ceux sur lesquels je me suis appuyé dans la première, pour constater la formation simultanée du plateau et des vallées.

Si la démonstration de ce mode de formation est une illusion ou une témérité, il me reste, comme fruit de mes études, la satisfaction d'avoir reconnu et fait rectifier une erreur de cote d'altitude sur la carte du Dépôt de la guerre, et une autre erreur dans la légende de la carte du département de Seine-et-Marne.

Une particularité hydrographique intéressante, la bifurcation de la vallée du Grand-Morin et de la Superbe, que j'ai signalée le premier, a déjà pris place dans un ouvrage de géographie générale (1).

Beaucoup de mes lecteurs m'ont adressé d'obligeantes communications dont je leur sais gré ; je dois des remerciements particuliers à M. G. Leroy et à M. l'abbé Petithomme, mes critiques courtois. Si cette nouvelle édition est accueillie aussi favorablement que la précédente, je me trouverai récompensé de mes efforts.

V. PLESSIER.

La Ferté-Gaucher, 2 avril 1868.

(1) La Terre, par M. Elisée Reclus.

FORMATION

SIMULTANÉE

DU PLATEAU ET DES VALLÉES DE LA BRIE.

1re PARTIE.

INTRODUCTION.

§ 1er.

Exposition du mode de formation simultanée.

Les matériaux du terrain tertiaire sont les débris d'une vaste étendue de pays, disparue de la surface du monde. La mer se déplaçant a envahi l'espace qu'ils occupaient, et les a charriés et étalés sur les lieux qu'elle abandonna, où ils se voient aujourd'hui. Ce changement fut l'œuvre ininterrompue d'une longue suite de siècles. Les plateaux auxquels il donna naissance et les vallées qui les sillonnent ont été formés simultanément. Les sédiments que le flot emporta se sont déposés sur les terrains émergés dans l'intervalle des cours d'eau dont le mouvement produisit les vallées en s'opposant aux précipitations. Les couches minces et superposées de ces dépôts témoignent de la lenteur du procédé. Les contours extérieurs et les reliefs des continents furent modifiés par ce travail de dévastation et de restauration, mais sans aucun bouleversement brusque ni violent. Tel est le mode de formation simultanée qui ressort des faits nombreux et concordants que j'ai observés.

Plateau de terrain tertiaire compris entre la Seine et la Marne, limité à l'ouest par le confluent de ces deux rivières et à l'orient par la Champagne, la Brie a deux rampes, l'une longitudinale qui remonte le cours du fleuve et l'autre latérale qui s'élève vers la Marne; ces deux rampes, se résumant en une pente oblique, représentent fidèlement le mouvement alternatif du flux et du reflux qui, pendant la formation, s'éléva et s'abaissa par la Seine et ses affluents, et rejeta dans l'espace qui sépare les cours d'eau, les matières dont il s'était emparé ailleurs. Si on compare la Brie aux autres parties du terrain tertiaire du bassin de la Seine et aux bassins tertiaires de la Loire et de la Gironde, on ne trouve que les différences résultant rationnellement des conditions orographiques et hydrographiques dans lesquelles les dépôts se sont opérés.

En dehors de la facilité ou des obstacles que la disposition des lieux offrit au développement du flot, l'étendue qu'il parcourut dans l'espace fut nécessairement limitée par sa durée périodique et régulière. S'arrêtant toujours à la même place, la formation dont il fut l'agent se termine en Brie par un relief qui montre la tranche du plateau et fait la démarcation de cette ancienne province et de la Champagne. L'escarpement n'existerait pas si le terrain crayeux, support des dépôts tertiaires, se fut relevé à leur hauteur à l'endroit où ils finissent.

Le système hydraulique dû à la disposition de la masse crayeuse subsiste toujours. Elle a deux versants qui partagent les eaux entre la Seine et la Marne. Cette configuration est demeurée visible à l'est de la Brie. Une condition analogue se retrouve entre la Seine et l'Yonne. Et quoique le plateau de la Brie, d'une structure différente, s'élève par une rampe continue de la Seine à la Marne, les cours d'eau qui le traversent, encaissés et dominés par la superposition du terrain tertiaire, continuent à fonctionner dans leurs directions primitives : les uns, comme l'Yères, s'abaissant au sud vers le fleuve, et les autres, comme le Grand-Morin, se perdant au nord dans son affluent.

Le plateau de la Brie jeté en sa place instantanément et d'un morceau n'eut pas livré passage au Petit-Morin dont il surmonte de beaucoup, et la source qui est en Champagne au milieu de la craie, et le tertre qui la sépare de la Somme, l'un des bras de la Somme-Soude, où il eût infailliblement rejeté ses eaux, pour leur faire gagner la Marne par une voie plus rapide et plus courte, sans les laisser pénétrer dans le terrain tertiaire. Cette particularité intéressante confirme par surcroît le caractère inoffensif du mécanisme d'édification du plateau et l'antériorité des cours d'eau. Il n'est pas question ici des sources d'un faible débit, le plus souvent intermittent, qui se montrent sur le flanc des coteaux de la formation tertiaire; dues à la présence de roches imperméables appartenant à cette formation, elles versent leurs eaux dans les vallées et n'ont aucune influence sur le système hydraulique qui les précéda.

Le mode d'édification du terrain tertiaire explique rationnellement, avec le mouvement général et les moindres ondulations de la surface, les accidents variés qui font la grâce et le pittoresque des vallées. Toute dépression est due à l'agitation des eaux douces. En se réunissant au-dessus de la source, les deux coteaux décrivent un cintre qui la couronne, empreinte du refoulement des eaux. En Brie, sur le même cours d'eau, la hauteur respective des collines dans toute leur étendue est déterminée par l'élévation graduée de la double rampe du plateau. Celle de l'est ou du nord est toujours supérieure à celle de l'ouest ou du sud. Tandis que les vallées de l'intérieur de cette région gagnent en profondeur depuis la source jusqu'à l'embouchure, parce que l'inclinaison des cours d'eau est plus grande que celle du terrain, les coteaux de la Marne, à partir de son entrée dans la formation tertiaire, perdent incessamment de leur hauteur par l'effet contraire, la pente de la rivière étant la moindre.

La largeur des vallées, toujours proportionnée à l'importance de la masse des eaux, s'accroît avec elle. La profondeur due à la superposition du terrain tertiaire est en rapport avec son épaisseur. Le degré de déclivité des coteaux dépend de la direction du courant. La rivière s'avance-t-elle droit comme une flèche : l'inclinaison des deux collines est la même.

Décrit-elle une courbe : le côté convexe qui occupe l'intérieur de l'anse s'abaisse lentement, en même temps que le côté opposé à forme concave est escarpé. La constance de ces phénomène tient à la régularité du mode de formation. Le courant gonflé par l'ascension et par la retraite du flux et du reflux, s'est développé sur les saillies, dans l'intérieur des courbes. La pente douce marque la transition de l'action au calme, et la raideur des collines, la tranquillité immédiate des eaux à la limite extérieure du courant géologique.

La chute d'un affluent a eu pour effet de déterminer une échancrure dans la vallée, dont l'ampleur et la forme sont en rapport avec le volume des eaux, la force respective des rivières et la résistance de leur angle. Cet évasement traduit l'obstruction produite par l'union des cours d'eau. On remarque un monticule dans la Varenne où se confondent la Marne et la Seine, et un autre dans celle où le Grand-Morin se joint à la Marne ; le calme favorisa le dépôt des déjections qui constituent ces tertres.

Sur les confins du plateau de la Brie, des échancrures existent également en amont des gorges par lesquelles la Seine, la Marne et le Petit-Morin pénètrent dans le terrain tertiaire. Proportionnées à la superficie des versants particuliers de chaque rivière, elles sont dues aux débordements du flux et au relief terminal qui endigua les eaux tombées du plateau pour ne les laisser écouler que par le lit du fleuve et de ses affluents. Le fameux Mont-Aimé et le Mont-Août qui s'élèvent à droite et à gauche des Marais de

Saint-Gond, dans la baie qui précède la vallée tronquée du Petit-Morin, ont une origine analogue aux tertres qui existent dans les bassins où se réunissent la Seine et la Marne, la Marne et le Grand-Morin. L'identité des causes se manifeste par celle des effets.

La diversité des roches tertiaires se concilie parfaitement avec la formation par voie de transport. Après avoir disloqué, fracturé et broyé les matériaux qu'il entraîna, le flot en opéra le triage pour les déposer près ou loin, unis ou séparés, selon leur densité, leur volume ou leur forme, leur affinité ou leur répulsion; l'action des eaux isolant ou associant les corps solides qu'elles tiennent en suspension, a des effets qu'il est plus facile de constater que d'expliquer, à cause de la complexité indéfinie des causes. Lors de l'inondation qui ravagea, en 1794, une partie des côtes méridionales de l'Ecosse, les animaux détruits, charriés par les eaux, ont été réunis sur un banc de sable dans le golfe de Solway; il s'y trouva, outre trois corps humains, 3 chevaux, 9 vaches, 45 chiens, 1,840 moutons, 180 lièvres, des taupes, des souris, des rats, etc. A cette observation d'emprunt, je puis en ajouter une autre que j'ai faite personnellement. Dans un de ses débordements, le Grand-Morin s'étant emparé de glands tombés à terre dans les forêts du Gault et de la Traconne, les déposa successivement sur un même point de son parcours à plusieurs kilomètres en aval; les premiers venus flottèrent pendant deux jours à la même place, dans une petite anse, jusqu'au moment où, la crue ayant cessé, la rivière les abandonna tous, pour rentrer dans son lit.

La formation tertiaire considérée de bas en haut s'est opérée successivement, les couches inférieures étant les plus anciennes. Le flot s'éleva constamment sur son propre travail. Mais chacune des strates dans toute son étendue est l'œuvre d'un même jet, sans qu'il y ait à tenir compte de la diversité des roches. Le mécanisme d'édification a été identique pour toutes les parties, comme le prouve l'unité de l'ensemble. La variété des roches correspond à la diversité et au mélange des matières que le flot tenait en suspension. Les sédiments se sont précipités en telle ou telle autre place, isolés ou associés, selon leurs particularités respectives. Les mêmes matières ont été déposées aux mêmes lieux, tant que les éléments et les conditions du charriage sont demeurés les mêmes. Elles se sont partagées comme les particules de solides divers agitées par un mouvement uniforme incessamment répété, comme les grains de plusieurs sortes secoués dans un van. La présence des cours d'eau en opposition avec le flot, a eu aussi son influence sur la division ou l'union des matières : à chaque mouvement de la surface du plateau, correspond une modification dans la composition des éléments constitutifs ; ceux d'une plaine offrent dans toute son étendue une égalité qui contraste avec les variétés qu'on rencontre toujours dans ceux d'une bosse et d'une dépression voisines.

Le sol arable confirme cette influence des cours d'eau sur les dépôts de la formation tertiaire. La fertilité de la terre, en Brie, s'amoindrit en remontant de l'embouchure d'une rivière à sa source. La différence est d'autant plus grande entre les qualités extrêmes que le cours d'eau a plus de développement. On le voit en comparant sur différents points les vallées de l'Yères, du Petit-Morin et du Grand-Morin. Quoique la dégradation soit interrompue à l'embouchure des affluents qui présentent le même phénomène, elle a un caractère si nettement accusé que jamais la terre ne retrouve en amont de l'affluent la valeur qu'elle a en aval.

Des masses de galets assez considérables pour qu'on les emploie à l'entretien des routes, existent à la limite orientale de la Brie sur la tranche et au pied du plateau. Ils doivent leurs formes arrondies au mouvement du flot qui les roula depuis le lieu où il s'en empara jusqu'à la place où il les déposa. C'est là un témoignage de la durée du voyage. Des galets demeurés en chemin sur tous les points du plateau marquent la voie que suivirent ceux qui furent poussés jusqu'à la frontière du terrain tertiaire. La présence, non remarquée jusqu'à ce jour, de galets granitiques à La Tombe, sur la rive gauche de la Seine, est une autre preuve plus certaine encore dè cette provenance, puisque le fleuve et les affluents qu'il a reçus jusque-là ne sont nulle part en contact avec des roches antérieures à la formation jurassique.

Les dépouilles d'animaux et de végétaux appartenant à des climats différents, enfouis dans le plateau de la Brie, justifient également le mode de formation par voie de transport à longue distance. L'immensité du terrain tertiaire constituant la moitié apparente de l'écorce terrestre, autorise à croire que le pays disparu qui en a fourni les matériaux, s'étendait d'un pôle à l'équateur ; dès lors il est tout naturel d'y trouver des débris d'êtres organiques qui ont vécu et se sont développés sous toutes les latitudes.

L'ouverture d'un fossé ou d'une marnière dans le plateau de la Brie met fréquemment en évidence des pétrifications postérieures à son édification, qui reproduisent exactement la forme entière et la situation verticale de souches d'arbres abattus ou détruits. Il est manifeste qu'elles occupent la place où ils ont pris leur accroissement. Or, aucune condition analogue ne se retrouve dans la position des fossiles végétaux ; c'est qu'ils ont été couchés par les eaux, comme toute matière flottante lorsqu'elle échoue. Une seule interruption dans les dépôts tertiaires eut permis à la terre de se parer de plantes dont les restes et les empreintes seraient demeurés debout. Mais rien de pareil ne se voit parce que la formation s'est accomplie sans relâche du commencement à la fin.

De même, qu'on ne s'étonne pas de rencontrer, séparées ou unies, des coquilles marines et fluviatiles dans les roches tertiaires, puisque les eaux salées et les eaux douces ont coopéré à sa formation dans chacune de ses parties.

Le régime hydrographique attaché à la configuration du terrain crétacé, ayant été respecté par la formation tertiaire, les habitants des rivières ont été répandus pendant toute sa durée, avec ceux de la mer, dans le dépôt des strates. Ainsi s'explique rationnellement la justesse de cette observation de M. Agassiz : « En n'ayant égard qu'aux poissons dans un rap-« prochement général des formations géologiques, il « semblerait plus naturel d'associer la formation de « la craie et du grès vert avec les terrains tertiaires, « que de les ranger dans le groupe des terrains se-« condaires. »

§ 2.

Réfutation des théories contraires à la formation simultanée.

Si la signification, le nombre et la concordance des faits observés justifient le mode de formation simultanée des plateaux et des vallées de terrain tertiaire, il faut nécessairement rejeter les théories contraires échafaudées sur des hypothèses imaginaires, quel que soit d'ailleurs l'incontestable mérite des géologues qui les ont préconisées.

La parfaite horizontalité des couches, qui serait l'état primitif des terrains sédimentaires, suppose que le mécanisme d'édification a été le même pour tous, première hypothèse contredite par les différences essentielles qui existent dans la composition intérieure et la disposition extérieure du terrain crétacé et du terrain tertiaire, sans qu'il soit besoin de leur en comparer d'autres. Si le procédé de construction avait été identique, la conformation serait assurément semblable; et si des soulèvements et des enfoncements postérieurs avaient modifié l'état de choses primitif, on ne s'expliquerait pas qu'ils eussent imprimé à chaque formation une architecture particulière et caractéristique.

D'un autre côté, l'horizontalité parfaite ne peut se concilier qu'avec une eau stagnante incapable de déplacer, de transporter et d'accumuler quoique ce soit. Pour assembler les éléments constituants de la masse formidable d'un étage géologique, les eaux ont dû se mouvoir, condition qui exige l'inclinaison des fleuves, que la Fable représente sous la figure d'un vieillard pour exprimer leur haute antiquité, selon la tradition des temps primitifs où le sentiment de la nature était non moins répandu que profond.

Si les dépôts sédimentaires s'étaient effectués horizontalement, le plateau de la Brie aurait partout la même épaisseur. Or, en le décrivant, nous ferons voir que l'inclinaison de sa surface correspond longitudinalement à la pente de la Seine et latéralement à l'épaisseur des dépôts, qui s'accroît en s'éloignant du fleuve. Cette disposition, comme toutes celles des autres parties du terrain tertiaire de la Seine et du terrain tertiaire de la Loire et de la Gironde, est en harmonie avec le mode de formation simultanée et exclut dès-lors toute idée de dislocation.

Il se peut que dans des temps plus reculés l'écorce terrestre ait éprouvé de gigantesques bouleversements par la réaction de forces intérieures, quoique les tremblements de terre dont l'homme a été témoin n'aient pas eu de tels résultats, quoique la zône d'action des volcans soit étroitement limitée. En considérant les hauteurs d'où la mer est successivement descendue, celui qui écrit ces lignes est plutôt enclin à attribuer ce mouvement de retraite tout à la fois à la disparition d'anciens territoires qu'elle a recouverts et à l'augmentation des profondeurs de son lit par l'action des marées.

Parmi les végétaux et les animaux dont les restes sont engloutis dans le plateau de la Brie, un grand nombre se sont développés sous l'influence d'une température plus élevée que celle de notre climat. Le transport justifie leur présence sans qu'il soit besoin d'alléguer le refroidissement problématique du noyau terrestre depuis la formation tertiaire.

Le creusement des vallées par voie d'érosion est contredit par une multitude de faits : où retrouve-t-on les roches qui auraient été ainsi emportées? Y a-t-il d'autre indice de leur existence que leur absence si parfaitement expliquée par le mode de formation simultanée? A-t-on considéré que si elles avaient existé, elles renfermeraient encore les fossiles déplacés avec elles? Faudrait-il dire que la flore et la faune dont ils sont l'enseigne, auraient vécu en la place où ils auraient été entrainés à la suite du déchirement du plateau?

Une autre objection écarte encore cette idée d'érosion. Les cours d'eau ont précédé les dépôts tertiaires qui n'en ont pas arrêté le mouvement, puisqu'en Brie le passage des eaux s'opère selon la disposition à double versant du terrain crétacé, sur lequel est assis le plateau. La pente latérale du terrain tertiaire qui descend de la Marne à la Seine aurait entraîné dans le fleuve tous les cours d'eau intermédiaires, s'ils n'avaient commencé à couler que postérieurement à cette formation.

Les observations que nous allons exposer sommairement sur les ossements de palœothériums et d'anaplothériums contenus dans les plâtrières de Montmartre, nous paraissent de nature a établir que ces animaux n'ont pas vécu dans le lieu qu'occupent leurs débris : 1° On les trouve à tous les degrés des gisements de gypse. Or, comment auraient-ils pu vivre sur une roche en voie de formation? Outre qu'elle eût été trop molle pour les porter, le sol s'élevant incessamment par la survenance de nouvelles couches, n'aurait pu leur fournir de nourriture. 2° Il n'est pas à notre connaissance qu'il y ait dans le plâtre des restes ou des empreintes d'une flore en rapport avec ces gigantesques animaux. 3° Les ossements sont en si grand nombre que quelque fertilité qu'on accorde à cette roche, contrairement à nos appréciations, elle n'eût pu suffire à l'alimentation de ces monstrueux herbivores. 4° Ces fossiles ne se rencontrent pas dans les roches voisines, en sorte que pour admettre que la vie de ces animaux s'est écoulée sur le gypse, il faut supposer qu'ils ne s'en sont jamais écartés. 5° Si les palœothériums et anaplothériums renfermés dans les plâtrières de Montmartre y avaient vécu, leur reconstitution n'eût pas exigé les efforts de savants comme G. Cuvier et Brongniart; on eût découvert quelques squelettes entiers, ce qui n'est jamais arrivé, au lieu de fragments disloqués, épars et confondus, qu'il a fallu séparer pour classer les espèces, et rapprocher pour obtenir la charpente d'un individu.

Les mêmes réflexions sont suscitées avec non moins de force par la quantité prodigieuse des fossiles de rhinocéros du Val de l'Arno, plus considérable que dans tout le reste de l'Europe, par les mastodontes à dents étroites du Camp des Géants dans l'Amérique méridionale, et par le grand mastodonte des bords de l'Ohio dans l'Amérique septentrionale. Tous ces amas n'ont d'autre cause que le triage des eaux qui, dans leur long trajet, ont rassemblé et séparé les diverses matières qu'elles tenaient en suspension et les ont classées et déposées selon leurs affinités et leurs répulsions, associant spécialement tels ossements à telles roches, par identité ou analogie de conditions chimiques ou physiques.

Qu'on ne dise plus que les ossements transportés devraient être usés comme des galets. Les cailloux retenus au fond de la mer par leur pesanteur spécifique ont éprouvé de continuels frottements auxquels ont échappé les ossements légers en flottant au sein ou à la surface de l'élément liquide.

Si les rivières avaient ouvert leur lit postérieurement à la formation tertiaire, si leurs sinuosités provenaient, comme on le répète, de la résistance des roches les plus dures, il y a tout lieu de croire que les plâtres, si tendres que l'ongle les raie, seraient traversés par les cours d'eau. Cependant il n'en est rien. Jamais ils n'affleurent sur les coteaux. Cette particularité montre que le mouvement des rivières les a éloignés du courant lors des dépôts tertiaires.

En Champagne, où les ruisseaux coulent sur la craie, où leur lit occupe un terrain qui demeure constamment le même, ils présentent néanmoins les mêmes sinuosités que ceux de la Brie. En faut-il davantage pour montrer que les changements de direction des cours d'eau ont d'autres causes que la résistance de certaines roches contre lesquelles ils se seraient heurtés en vain.

En réalité, les méandres d'un cours d'eau sont une nécessité de la pondération du courant, qui se maintient droit lorsque la pente est faible, et qui fait des circuits lorsque la ligne directe le rendrait trop rapide, de manière à mettre en harmonie ses diverses parties. C'est ainsi qu'au confluent de deux rivières, la plus vive est repliée sur elle-même pour s'équilibrer avec la plus lente.

La vallée du Petit-Morin est moins large et plus profonde que celle du Grand-Morin. La raison de ce double contraste est bien simple, et cependant l'érosion ne saurait en rendre compte. La largeur est due au volume des eaux et la profondeur à la puissance du terrain tertiaire superposé.

2e PARTIE.

PREUVES.

CHAPITRE Ier.

Altitudes du plateau de la Brie.

La Brie est une partie du bassin de la Seine, sise à droite du fleuve, commençant immédiatement au-dessus de la chute de la Marne, et se développant vers l'Est, entre ces deux grands cours d'eau, jusqu'à la Champagne. Comprise entre 0° 5' et 1° 40' de longitude Est, 48° 22' et 49° 6' de latitude Nord, elle a une superficie d'environ 7,000 kilomètres, très-inégalement distribuée entre six départements (Seine, Seine-et-Oise, Seine-et-Marne, Aisne, Marne et Aube). C'est un plateau sillonné par de profondes vallées, qui appartient au terrain tertiaire, repose sur la craie et se termine à l'orient par un escarpement d'une hauteur moyenne de 100 mètres, au-delà duquel la craie, qui constitue le territoire de la Champagne, demeure apparente. Cette falaise s'éloigne de la Seine à Montereau-faut-Yonne, se dirige au Nord-Est vers Sézanne et gagne la Marne à Epernay. Elle est due à la superposition du terrain tertiaire. La limite respective des deux anciennes provinces était en rapport avec la forme et la nature du sol. La différence est si marquée que dans les communes où le territoire se partage entre les deux pays, les habitants ont conservé l'usage de les distinguer, disant qu'il vont en Brie ou en Champagne lorsqu'ils quittent leurs demeures pour se livrer aux travaux des champs. L'expression de Brie (*Brig, Brigt*) que l'on traduit par Pont, n'est-elle pas caractéristique d'une contrée dominant, de toute la puissance du plateau dont elle est formée, les deux grandes rivières et le pays auxquels elle doit ses limites naturelles?

La Brie a deux pentes peu sensibles, l'une longitudinale de l'Est à l'Ouest, et l'autre latérale descendant du Nord au Sud perpendiculairement à la Seine.

Composé de matières que la mer transporta, le plateau fut édifié par le mouvement alternatif du flux et du reflux. Le flot venant de l'Ouest, montant par la Seine et ses affluents et s'épandant sur la craie stérile jusqu'au relief qui se voit à l'orient, déposa, à chaque apparition, une couche de sédiments. Obéissant à l'impulsion de la marée, il se développa pendant des siècles dans le même espace et s'éleva successivement sur son propre travail sans être arrêté par la superposition des matériaux.

En aucun point du plateau de la Brie ne surgit une roche étrangère au terrain tertiaire. Dépourvu par là même d'éminence, il n'offre d'autre accident que les vallées qui le découpent en plusieurs parties. L'abaissement régulier de la double pente correspond, sans interruption, au mouvement de flux et de reflux qui s'est opéré par le fleuve et ses affluents. On le suit aux divers sommets qui après avoir vu se réunir et se séparer les flots montant et descendant par leurs différentes voies, servent maintenant au partage des eaux pluviales. Telle est sa constante régularité qu'en consultant et comparant les nombreuses altitudes cotées par la carte de France du Dépôt de la Guerre, li m'a été possible d'y reconnaître une erreur sans sortir de mon cabinet. La feuille n° 34 donnait à la butte de Montretout, sur la rive gauche de la Marne, entre Meaux et la Ferté-sous-Jouarre (long. E. 0° 43', lat. N. 48° 57'), une hauteur de 209 mètres, impossible à cette place, bien qu'elle existe à Cocherel, qui n'en est qu'à 10 kilomètres (long. E. 0° 48', lat. N. 49°). M. le Directeur général du Dépôt de la Guerre, instruit de mon observation, a fait rectifier l'erreur qui provenait de la gravure. L'altitude n'est réellement que de 109 mètres.

La légende de la carte du département de Seine-et-Marne contenait une autre erreur également rectifiée sur mes indications. Cocherel, à droite de la Marne, dans le terrain tertiaire du bassin de la Seine, y était désigné comme le point le plus élevé du département. Guidé par la double pente qui se fait sentir des deux côtés de la Marne, il me fut facile de reconnaître que le lieu le plus haut de ce département est en Brie, sur le territoire de Verdelot, à la Butte-Saint-

Georges, un peu moins avancée vers le Nord, mais par contre dans une position plus orientale.

Il nous paraît indubitable que ces erreurs ne se fussent pas produites ou n'auraient pas subsisté pendant quarante ans, si l'on eût connu le mode de formation du terrain tertiaire ou tout au moins la structure du plateau de la Brie.

Pour satisfaire aux désirs de plusieurs lecteurs de ma précédente édition, je transcris ici deux lettres officielles qui font foi de mes allégations.

PREMIÈRE LETTRE.

Paris, le 11 avril 1864.

Monsieur,

M. le général commandant l'Ecole d'application d'Etat-Major m'a transmis la lettre que vous lui avez adressée le 7 de ce mois au sujet d'une cote de la carte de France qui vous paraissait erronée.

J'ai l'honneur de vous faire connaître que cette cote est inexacte, ainsi que vous le pensiez. La véritable altitude est de 109 mètres au lieu de 209, chiffre porté sur la feuille gravée.

Je vous remercie d'avoir signalé cette erreur de gravure, qui va être rectifiée sans retard.

Recevez, etc.

Le Conseiller d'Etat, Directeur du Dépôt de la Guerre,

Signé : BLONDEL.

DEUXIÈME LETTRE.

Paris, le 3 septembre 1864.

Monsieur,

J'ai reçu la lettre dans laquelle vous me signalez que le point le plus élevé du département de Seine-et-Marne est situé auprès de Saint-Georges, à 215 mètres au dessus du niveau de la mer, et non près de Cocherel, à 209 mètres, comme l'indique la légende portée sur la feuille n° 1er de la carte de ce département.

J'ai l'honneur de vous remercier de cette communication, et après en avoir reconnu l'exactitude, j'ai donné des ordres pour que cette rectification fût faite sur la pierre.

Recevez, etc.

Pour le général empêché,

Le Lieutenant-Colonel, Chef par intérim du 2e bureau,

Signé : LEROY.

Les preuves de la formation du plateau par le mouvement alternatif du flux et du reflux résultent des altitudes fournies par les lignes de partages d'eau s'élevant graduellement de l'Ouest à l'Est. Outre l'ascension constante de l'occident à l'orient, les altitudes de la rive droite de la Seine sont, à longitude égale, toujours inférieures à celles de la rive gauche de la Marne. Cet effet est dû à la pente latérale perpendiculaire au fleuve, descendant de la Marne à la Seine.

1° *Altitudes de la rive droite de la Seine.*

Les altitudes des divers sommets de la ligne de partage des eaux sur la rive droite de la Seine s'élevant régulièrement de l'Ouest à l'Est, on trouve :

137 mètres d'altitude à Bailly-Carroy (0° 42' long. E., et 48° 36' lat. N.), à la naissance du ru d'En-Cœur, affluent du ru d'Anqueuil qui se jette dans la Seine à Melun ;

150 mètres au rond-point de Villeneuve-les-Bordes (0° 44' long., 48° 29' lat. N.), à la naissance de la rivière d'Auxances, à laquelle fait suite le ru de Vol-en-Gis, qui se décharge dans la Seine à Vimpelles, entre Bray et Montereau-faut-Yonne;

179 mètres entre Courchamp et S.-Hillier (0° 58' long., 48° 39' lat.), au point de partage des eaux de l'Yères et du Durtin, affluent de la Voulzie qui a son embouchure dans la Seine au-dessous de Bray;

202 mètres à Seu (1° 17' long., 48° 41' lat.), au point de partage des eaux entre le Grand-Morin, tributaire de la Marne, et la Noxe qui donne ses eaux à la Seine près de Nogent;

Et 215 mètres à Lachy (long. 1° 22', lat, 48°, 48'), à la naissance du Grand-Morin, qui se bifurque et envoie ses eaux à la Seine dans deux directions opposées : au nord-ouest, par la Marne où il se jette à Condé-Sainte-Libiaire, entre Meaux et Lagny; et au sud-est par l'Aube où il a une autre embouchure à Boulages, sous le nom de Superbe ou ruisseau des Auges.

2° *Altitudes de la rive gauche de la Marne.*

Les altitudes des divers sommets de la rive gauche de la Marne présentent également une élévation constante de l'occident à l'orient; mais, à longitude égale, elles sont supérieures à celles de la Seine, ce qui provient de la rampe latérale s'élevant du fleuve vers le nord.

A 125 mètres au-dessus de la mer, le Montéty (0° 18' long., E., 48° 45' lat. N.) partage les eaux entre le Réveillon, affluent de l'Yères, et le Mort-Bras, affluent de la Marne;

A 153 mètres d'altitude, le moulin de Jossigny (0° 26' long. et 48° 50' lat.), divise les eaux entre la Gaudoire qui a sa chute dans la Marne, et le Bréjon qui a son embouchure dans l'Yères, à Chaumes;

A 157 mètres, la butte de Lumigny (0° 38' long., 48° 43' lat.) partage les eaux entre l'Yères et divers affluents du Grand-Morin;

A 175 mètres, Montebise, commune de Pierre-Levée (0° 43' long., et 48° 54' lat.), partage les eaux entre divers ruisseaux qui tombent les uns au sud dans le Grand-Morin, et les autres au nord dans la Marne. Montretout, sur le versant qui descend à la Marne, ne peut dépasser ce point de partage des eaux en hauteur. C'est cette observation qui m'a fait reconnaître l'erreur de cote de la carte de France : ou Montebise s'élevait au-dessus de 175 mètres, ou Montretout ne montait pas à 209. La hauteur de Montebise concorde avec le mouvement régulier d'ascension de la ligne de faîte; et celle de Montretout introduisait une perturbation inconciliable avec l'action du flot;

A 208 mètres, le territoire de Bassevelle (0° 54' long., 48° 56' lat.) partage les eaux entre deux ruisseaux dont l'un se jette dans la Marne à Nogent-l'Artaud, et l'autre dans le Petit-Morin à Sablonnières;

A 228 mètres, le mont Saint-Léger (1° 4' long., et

48° 54' lat.) partage les eaux entre le ru de Verdelot, affluent du Petit-Morin, et le ru de Vergès, tributaire de la Marne ;

Et à 254 mètres, le Pâtis de Troissy (1° 21' long., et 49° 4' lat.) fait encore le partage des eaux entre le Petit-Morin et la Marne. Ce lieu, le plus élevé de la Brie, très-rapproché de la limite orientale du plateau, en occupe le point le plus septentrional. Personne ne s'aviserait de chercher en Brie une surface plus basse que le confluent de la Seine et de la Marne, où arrivent toutes les eaux de cette contrée. De même, on ne trouverait pas dans tout le plateau une altitude supérieure à celle qu'offre le partage d'eau le plus éloigné de ce point. Ainsi le veut la structure inhérente au mode de formation du plateau.

CHAPITRE II.

Relief terminal de la Brie. Echancrures. Le Mont-Aimé et le Mont-Août. Galets granitiques à la Tombe, dans la vallée de la Seine.

Le relief terminal de la Brie sur la Champagne, au-delà duquel l'assise crayeuse du plateau est visible, représente les coteaux qui s'élèvent à droite et à gauche de la Seine et de la Marne lorsqu'elles coulent au milieu du terrain tertiaire, et la colline qui, à l'autre extrémité de la Brie, domine le confluent de ces deux rivières. Sur tout le périmètre, se montre la tranche du plateau dont l'épaisseur s'accroît de l'Est à l'Ouest en remontant le cours du fleuve, et du Sud au Nord en s'éloignant de son lit.

L'homme n'a pas le pouvoir de mettre en action des forces prodigieuses comme le flux et le reflux de la mer, mais si à l'imitation de la marée on vide longtemps à la même place, par un mouvement uniforme mais intermittent, un vase rempli d'une eau limoneuse, on verra bientôt se former un dépôt qui fera relief au pourtour.

La puissance du terrain tertiaire se voit sur la Champagne parce que la craie qui en est l'assise ne se relève pas assez haut à l'endroit où il finit, pour masquer cette face. Si le flot ne s'est pas étendu plus loin pour se niveler avec les terrains des formations antérieures c'est que son mouvement limité dans le temps le fut par là même dans l'espace. Il fut arrêté, non par un obstacle dérivant de la disposition des lieux, mais par la durée de son ascension ; quoique l'espace lui fût ouvert, il se retira au moment déterminé par l'abaissement périodique de la marée.

La régularité prédominante du mouvement de flux et de reflux n'empêcha pas les eaux de dépasser le plateau et de s'épancher sur le relief terminal. Aussi au pied de la falaise sont des roches étrangères au terrain crayeux, qui appartiennent à la formation tertiaire dont elles sont l'accessoire ou le prolongement. Cette origine est commune aux galets amassés en différentes places sur le flanc et au pied du relief.

Ce relief faisant digue, les eaux débordées ne purent faire retour à la mer que par la vallée du Petit-Morin, de la Marne et de la Seine ; retenues par le plateau, elles déterminèrent les échancrures par lesquelles ces trois cours d'eau pénètrent dans le terrain tertiaire. Elle s'emmagasinèrent dans ces réservoirs, véritables entonnoirs horizontaux, dont les dimensions sont en rapport avec l'étendue respective des versants des rivières. En effet, la vallée du Petit-Morin forme en amont de Saint-Prix une baie occupée par les marais de Saint-Gond et que dessinent deux coteaux s'entr'ouvant symétriquement à l'est, dont l'un gagne Allemand et l'autre Bergères, à la limite du plateau. De même, au-dessus d'Epernay, les coteaux de la Marne s'éloignent de son lit, l'un s'avançant vers

Ménil-sur-Oger et l'autre jusqu'à Trépoil. Mais les échancrures dues à la présence du Petit-Morin et de la Marne, loin d'avoir l'importance de celle à laquelle le fleuve qui absorbe leurs eaux donna naissance, n'en sont que de faibles accessoires. La Seine, avec ses larges versants et ses nombreux affluents, dut recevoir toutes les eaux dans son lit avant de les livrer au bassin de la Manche. Aussi la baie qui précède la gorge par laquelle elle entre dans le terrain tertiaire, à Montereau-Faut-Yonne, a un développement considérable. Plus longue sur la rive droite que la falaise de la Brie, elle s'étend jusqu'à Verzy, à gauche de la Vesle. Sur l'autre rive, elle suit le cours de l'Yonne jusqu'à l'embouchure de l'Oreuze près de Pont; les limites sont peu accusées au-delà, parce que le terrain crayeux se relevant, le terrain tertiaire perd de sa puissance et se divise en lambeaux sur les bords de l'Yonne et de la Vanne. Mais nous aurons occasion de revenir sur ces conditions à propos des diverses parties du bassin tertiaire de la Seine, autres que la Brie.

A droite et à gauche des marais de Saint-Gond, dans l'échancrure qui ouvre le plateau de la Brie au Petit-Morin, sont deux monts dont la partie supérieure se compose de roches tertiaires : le Mont-Août qui atteint une altitude de 221 mètres, à l'est d'Allemand où le plateau s'élève à 233 m., et le Mont-Aimé, près de Bergères, dont l'altitude absolue est de 240 m., belvédère naturel d'où l'on observe, d'un côté, le relief de la Brie, qui se présente comme le dernier étage de la création, et d'où la vue plonge de l'autre sur la plaine crayeuse de la Champagne que limitent le massif des Ardennes, les ballons des Vosges et le plateau de Langres dont les eaux se divisent entre trois mers.

Faut-il dire avec de savants géologues que le plateau de la Brie s'avançait primitivement jusqu'aux Monts Aimé et Août, qui en auraient été détachés par les déchirements de violents cataclismes? Tel n'est pas mon avis. Ces buttes m'apparaissent comme des cônes de déjections dont la formation s'explique rationnellement. Les eaux retenues au-delà du plateau par le relief terminal, ont édifié les deux tertres par la précipitation des sédiments qu'elles tenaient en suspension. Qu'on n'oublie pas qu'ils sont moins élevés que les points voisins du plateau qui barrait les eaux. En nous occupant du terrain tertiaire compris entre la Marne et la rive gauche de l'Oise, nous constaterons par d'autres exemples que digue, échancrures et monts sont une réunion de phénomènes inséparables.

Les roches tertiaires du Mont-Aimé sont calcaires et riches en fossiles, tandis que celles du Mont-Août sont siliceuses et dépouvues des fossiles si communs dans le Mont-Aimé. N'est-ce pas là une marque de l'effet du triage des eaux?

En parcourant le nouveau chemin qui réunit Châtenay-sur-Seine à la Tombe, à l'aide d'un pont jeté sur le fleuve, j'ai remarqué des galets granitiques micacés de diverses couleurs, gris, noirs et roses, extraits d'une carrière ouverte à côté du village de la Tombe, sur la rive gauche de la Seine, dont elle n'est séparée que par le chemin de halage. Cette carrière est pratiquée dans un monticule qui s'élève de dix mètres au-dessus de la plaine basse où circule la rivière; à son tour, le faîte du terrain crayeux qui divise l'Yonne et la Seine en regard de ce tertre, le surmonte de 23 m. Les vallées des deux cours d'eau qui ne se réunissent qu'à 11 kilomètres en aval, sont encore parfaitement distinctes. C'est là ce qui donne un grand intérêt à la présence de galets granitiques à la Tombe, dans le gravier de la Seine, à côté de galets en calcaire et en silex noir ou blond. Comme la Seine prend naissance dans le terrain jurassique, qu'elle abandonne pour couler sur le terrain crétacé, comme elle ne reçoit jusque-là aucun affluent en contact avec un terrain plus ancien, il est matériellement impossible qu'elle s'en soit emparée dans son cours supérieur. Ajoutons que la butte dépasse de beaucoup le niveau des plus hautes eaux du fleuve. Enfin, circonstance décisive, quelques coquilles marines révèlent l'origine incontestable de ces dépôts. Contemporain du terrain tertiaire, ce cône de déjections s'explique logiquement par le mode de formation que nous avons exposé. Les matériaux qui le constituent ont remonté le cours du fleuve, soulevés et transportés par le flux qui les déposa en strates régulières dans leur place actuelle, non loin de l'escarpement formé par la tranche du plateau de la Brie.

M. de Senarmont, à l'attention duquel l'existence de galets granitiques à la Tombe a échappé, s'exprime ainsi sans son *Essai d'une description géologique du département de Seine-et-Marne*, page 74. « Au-dessus du « confluent de la Seine et de l'Yonne, les cailloux « roulés de la première vallée ne se composent que « de galets jurassiques et de silex de la craie, AVEC « QUELQUES DÉBRIS DE ROCHES TERTIAIRES, principalement de grès, de poudingues et de galets de l'argile « plastique. Dans la vallée de l'Yonne, au contraire, « on rencontre (sous entendu : en outre) des fragments roulés de granit rose venus par cette voie « des montagnes du Morvan. »

Les galets granitiques rencontrés dans les carrières de la Tombe, ne laissent rien subsister de la distinction que le savant ingénieur des mines a faite entre les deux vallées, et enlèvent toute valeur à cette assertion que les galets granitiques de l'Yonne sont descendus du Morvan, car on ne peut leur assigner une origine différente de ceux de la Seine. Si donc il faut renoncer à l'explication fournie par M. de Senarmont, ce doit être pour accepter la nôtre. Tous les galets, de quelque nature qu'ils soient, amassés sur les confins de la formation tertiaire, y ont été apportés par le flux avec les matériaux constitutifs de cette formation. Il s'en trouve sur tous les points du plateau de la Brie, qui montrent le chemin suivi par ceux que le flot poussa jusqu'à l'extrémité. Si M. de Senarmont n'avait suivi sans les contrôler des opinions généralement reçues, il eut tenu compte de ce fait que les galets sont mêlés à des parties de roches tertiaires, étrangères au Morvan.

Le monticule de la Tombe a la même origine que le Mont-Août et le Mont-Aimé. Répétons que la diversité des matières est l'effet du triage des eaux.

CHAPITRE III.

VALLÉES.

Observations générales.

De même que le relief terminal, les vallées sont inhérentes au plateau. Elles font défaut dans la craie en Champagne, où ruisseaux et rivières coulent à fleur de terre entre de longues files de peupliers que la vue suit dans le lointain. Au contraire, les arbres qui bórdent les cours d'eau de la Brie disparaissent dans la profondeur des vallées. Cette différence provient de ce que les rivières, non moins anciennes que la craie, sont antérieures au dépôt du terrain tertiaire. En effet, les matières dont il est constitué se sont précipitées à la faveur du calme dans les intervalles qui séparent les divers cours d'eau. Mais l'action de chaque rivière ou ruisseau a formé la vallée en entraînant les corps solides qui lui eussent fait obstacle.

La largeur en est proportionnée au volume des eaux courantes, et la profondeur à la puissance du terrain tertiaire. Les affluents et les sinuosités ont déterminé des découpures ou évasements en développant par un angle la zône d'agitation du courant géologique. Les collines aux pentes douces, dans l'intérieur des anses, marquent la transition de l'action au calme. La raideur des coteaux à la limite extérieure de la vallée témoigne de la tranquillité subite des eaux.

En s'élevant vers sa naissance, la vallée s'étrécit en même temps que la masse des eaux diminue. Elle se termine par une sorte de couronne qui rayonne au-dessus de la source en montant au plateau. La terre a pris la forme ondulée du flot envahisseur. Mais la vallée est-elle interrompue parce que la source est en dehors du relief terminal? Elle s'entrouvre et forme une baie qui reçut les débordements du flux que la pente du terrain crayeux ramena vers la vallée.

Loin d'être un jeu du hasard ou un effet de la résistance des roches, les sinuosités d'une rivière sont une nécessité de la pondération du courant. La lenteur en certaines parties faisant obstacle à la vitesse qui se fut produite en d'autres a replié le courant sur lui-même jusqu'à former un équilibre nécessaire. Aujourd'hui encore, si une rivière corrode ses bords, c'est pour rétablir l'uniformité de mouvement rompue par un ensablement ou toute autre cause. Il est si vrai qu'elle veut se développer pour atténuer sa vitesse relativement trop grande, que c'est toujours à l'endroit le plus rapide qu'elle ronge ses berges.

« Tous les raccourcis creusés de main d'homme « doivent nécessairement finir par s'oblitérer, car en « vertu de la loi de réciprocité des anses (expression imparfaite à laquelle nous avons substitué celle de pondération), le fleuve privé de ses méandres ne « manque pas de s'en créer de nouveaux. C'est ainsi

« qu'en amont de Compiègne, on essaya vainement « de redresser le cours de l'Oise; en peu de temps il se « forma des sinuosités nouvelles dont le développe- « ment s'est trouvé parfaitement égal à celui des con- « tours supprimés (1).

Le plateau de la Brie n'a pas plus créé les cours d'eau qui le sillonnent que la Seine et la Marne dont les sources sont en dehors du terrain tertiaire. Le mode de formation indique rationnellement que les ruisseaux préexistaient. Le Petit-Morin seul en serait la preuve. Nous verrons que son cours qui commence à l'orient du plateau s'y introduit par une brèche haute de 60 mètres dont le faîte est plus élevé que le tertre qui le sépare d'une petite rivière voisine. Si sa source eut jailli postérieurement au terrain tertiaire, le plateau de la Brie l'eût fait déverser dans ce ruisseau, qui aurait porté ses eaux à la Marne par une voie plus courte et plus rapide.

(1) La Terre. — I. Les continents, par Elisée Reclus.

DÉTAILS (1).

I.

LE CONFLUENT DE LA SEINE ET DE LA MARNE.

Le sol entre la Seine et la Marne, dans un rayon de 10 kilomètres de leur réunion, ne dépasse pas de plus de 40 mètres le niveau de la mer, abstraction faite du Montmesly à gauche de la chute du Mortbras. Au-delà surgit la colline, qui s'élève à une hauteur de 110 m. et représente la tranche du plateau de la Brie.

Le modé de formation simultanée rend parfaitement compte de ces conditions :

Le flux de la mer, en opposition avec le courant de la Seine et de la Marne, a exercé sur leurs eaux une pression qui les a réunies et repoussées jusqu'à l'emplacement de la colline. Au reflux, les eaux furent retenues et s'entrechoquèrent au-dessus de l'étroit passage du confluent. L'agitation ne permit pas aux sédiments de se précipiter du liquide qui les contenait. Mais en dehors des chocs, ils constituèrent en se déposant la colline au-delà de laquelle se développe le plateau.

La hauteur de cette colline varie. De 89 mètres au

(1) On peút suivre la plupart de ces détails sur la carte du Dépôt de la Guerre.

milieu, elle s'élève à 132 sur la Seine et demeure à 108 sur la Marne. Ces inégalités s'expliquent de même. Le point le plus bas répond à l'axe du confluent. La dépression est l'effet d'un courant qui s'est établi dans cette direction, ainsi que l'indique une pente qui part de Brie-Comte-Robert, petite ville distante de 20 kilomètres de la jonction des deux rivières. Le point culminant est du côté de la Seine, en aval de la chute de l'Yères, qui, en amortissant le courant du fleuve, a favorisé à cette place l'amoncellement des sédiments. Du côté de la Marne, la colline a la hauteur moyenne des deux autres points parce qu'elle a échappé à l'action du courant, sans avoir la protection de la chute de l'Yères.

La situation de la colline a été déterminée par l'élargissement subit de l'angle des deux rivières, résultant d'un double changement de direction. Le lit de la Seine, à l'un des bouts de la colline, se porte du nord au midi; et celui de la Marne, à l'autre extrémité, du sud au nord.

Quant au Montmesly, dans un bassin dû au confluent de deux rivières, son existence n'est pas sans anologie avec les Monts Aimé et Août, dans l'échancrure supérieure du Petit-Morin, ni avec le monticule de la Tombe dans la vallée de la Seine. Sa situation au-dessous de l'embouchure du Mortbras indique que sa formation est un effet de la modération du mouvement des eaux. On trouve encore un monticule analogue en aval de la chute du Grand-Morin.

II.

L'YÈRES.

A l'embouchure de l'Yères, on remarque que des deux collines qui bordent cette rivière, celle de droite s'avance plus près de la Seine que celle de gauche, qui s'arrête à 1,500 mètres du fleuve. L'Yères a favorisé le prolongement de la colline qui occupe l'angle externe du confluent en amortissant le cours du fleuve en aval, et l'agitation des eaux qui s'est produite dans l'angle interne a maintenu les corps solides en suspension, ce qui se traduit par la réduction de la colline d'amont.

Le cours de l'Yères, depuis Rozay jusqu'à la Seine, fait de nombreux circuits à courts rayons formant une succession non interrompue de presqu'îles. Sur chaque rive sont des pentes inégales, les unes tombant brusquement vers le courant et les autres s'allongeant pour descendre lentement de la hauteur du plateau. A première vue, ce spectacle paraît offrir un désordre inextricable; mais avec un peu d'attention tout s'explique et revêt un caractère admirable de simplicité. Le mouvement des eaux qui a formé la vallée s'est produit dans l'axe du lit de la rivière. La preuve de ce fait résulte de la situation de toutes les pentes abruptes aux saillies extérieures de la vallée, à droite comme à gauche. L'ascension et la retraite du flot se firent entre les écarts. Sur l'Yères, comme partout, la raideur des coteaux est à la limite de l'action des eaux.

III.

LE CONFLUENT DE LA VOULZIE ET DU DURTIN.

La Voulzie, qui se jette dans la Seine au-dessus de Montereau-faut-Yonne, a pour principal tributaire le Durtin, dont elle reçoit les eaux à Poigny, au sud de Provins. Les deux modestes rivières ont leurs sources au-delà de cette ville, l'une à l'ouest et l'autre à l'est, et forment un angle fort aigu pour se réunir. Des coteaux tout à la fois gracieux et hardis, symétriquement disposés, s'élèvent à droite et à gauche du confluent et se prolongent avec l'angle. Cependant un contre-fort du terrain crayeux qui porte le vieux Provins et que contourne le Durtin, rompt agréablement la monotonie qu'engendrerait une excessive régularité. Au nord de la ville se dresse la colline intérieure du confluent dont la hauteur surmonte celle des coteaux latéraux. Cette disposition constitue l'un des plus beaux sites de la Brie.

Chaque fois que la mer, montant par la Seine et la Voulzie, arriva à l'embouchure du Durtin, les deux petites rivières la barrèrent par leur disposition angulaire et furent refoulées jusqu'à la colline intérieure. A la marée basse, les eaux se retirant avec une abondance qui rendait le passage du confluent trop étroit, se heurtèrent sur le même espace. L'agitation ne leur permit pas de se dépouiller dans ces limites des sédiments dont elles étaient chargées, mais elles les déposèrent en dehors et formèrent ainsi lentement et graduellement les coteaux qui entourent Provins.

IV.

LA MARNE, DE SON EMBOUCHURE A CELLE DU PETIT-MORIN.

1re *Section.*

Immédiatement au-dessus de son embouchure, la Marne forme une série de varennes ou presqu'îles remontant jusqu'à Gournay et décroissant graduellement à mesure qu'elles s'éloignent du confluent : la première et la mieux caractérisée est celle de Saint-Maur ; la seconde, encore bien dessinée, se trouve entre Saint-Maur et Nogent ; les plus hautes s'affaiblissent de plus en plus jusqu'à se réduire à des courbes presqu'insensibles. Le parcours de la Marne, dans cette première section, serait de 15 kilomètres en ligne droite, mais il est réellement de 30 par le développement dû aux circuits. La pente moyenne est encore de 0 m. 35 par kilomètre (0,00035).

Les détours sont le résultat de l'obstacle apporté au débit des eaux par la lenteur de la Seine, la pondération des courants exigeant que le plus rapide s'affaiblisse en se contournant.

Les courbes de la Marne s'atténuent avec l'influence du barrage en s'éloignant du confluent.

La largeur de la vallée atteste le mouvement des eaux surmontant leur lit et s'agitant lors de la formation dans l'axe commun des varennes, entre la Seine et Gournay.

2e *Section.*

Entre Gournay et Dampmart, le cours de la Marne est à peu près direct puisque le développement produit par les sinuosités n'entre que pour 5 kilomètres dans un parcours de 19. Aussi les coteaux y sont rapprochés du courant. La pente de cette section se réduit en moyenne à o m. 10 par kilomètre.

3e *Section.*

De Condé-Sainte-Libiaire à Dampmart, la distance en ligne droite est de 3 kilomètres; mais la Marne, faisant en cette section un immense détour, en parcourt 19. Néanmoins, elle conserve une pente moyenne égale à celle de la deuxième section.

En comparant entr'elles la deuxième section et la troisième, on voit quelle immense disproportion elles eussent présentée dans le débit du courant, si la troisième section ne se fut allongée par un grand circuit : la section inférieure n'eût pu écouler l'eau que lui eût envoyée trop vivement la section supérieure. Dans l'impossibilité pour celle qui suit la ligne droite d'accélérer son mouvement en se rapetissant, l'autre section a dû se développer pour ralentir le sien. C'est ainsi que la pondération indispensable s'est établie entre les deux sections.

Obligée à fléchir, la troisième section a cédé mollement à la pression du Grand-Morin en formant la presqu'île qui s'épanouit sous la chute et dans la direction de cet affluent. Si cette péninsule n'est pas ronde sur ses bords, c'est que la Beuvronne se jetant dans la Marne en opposition avec le Grand-Morin, a fait rentrer la courbe en dedans au lieu de la laisser saillir. L'action des deux affluents a eu le même effet ; la différence dans le développement des courbes provient de l'inégalité des forces.

En approchant de la Seine, le cours de la Marne a fléchi, se repliant sur lui-même ; il a faibli également au-dessus de Dampmart. Le résultat de ces déviations a été de modérer le courant le plus rapide pour le mettre en harmonie avec le plus lent.

La pression du Grand-Morin a déterminé le sens de la flexion au-dessus de Dampmart ; la Beuvronne l'a modifié à l'encontre du Grand-Morin.

Nous verrons que le Grand-Morin, plus lent à son embouchure que la Marne, a maintenu son cours rigide au-dessus de sa chute.

Ainsi tous ces mouvements variés sont l'application d'une même loi.

Notons qu'au-dessous de l'embouchure du Grand-Morin est un monticule de 106 mètres d'altitude, dépassant de 60 mètres environ la plaine basse où il se montre. C'est la reproduction du Montmesly en aval de la chute du Morbras, dans l'intérieur du confluent de la Seine et de la Marne.

4e et 5e *Sections.*

Entre l'embouchure du Grand-Morin et celle du Petit-Morin, c'est-à-dire de Condé-Sainte-Libiaire à la Ferté-sous-Jouarre, la Marne se divise en deux parties d'un caractère différent, dont la limite est à Changis, dénomination qui fait image.

Quoique la distance à vol d'oiseau de la bouche du Grand-Morin à Changis ne soit que de 16 kilom., la Marne en parcourt 46, triplant l'étendue de son cours par ses sinuosités, ce qui n'empêche pas qu'elle conserve encore une pente de plus de 0 m. 08 par kilomètre.

Ces détours de la Marne contrastent avec la ligne aussi droite que possible qu'elle suit de l'embouchure du Petit-Morin à Changis dans un intervalle de 9 kilom., mais la faiblesse de la pente dans cette partie exigeait qu'il n'en fut rien perdu, car dans ce parcours elle n'est que de 0 m. 05 par kilomètre.

Les sinuosités étant indispensables à la pondération du courant, la forme en a été déterminée par divers affluents. On peut remarquer notamment que l'effet bien caractérisé de la Thérouanne est d'une identité frappante avec celui de la Beuvronne, mentionné sous la troisième section.

La colline de la rive gauche, entre la Ferté-sous-Jouarre et Changis, est très-rapprochée de la Marne, et s'élève rapidement parce que les affluents y font défaut. Celle de la rive droite s'allonge lentement parce qu'ils abondent de ce côté.

V.

LE GRAND-MORIN.

1re *Section.*

De Crécy à son embouchure, le Grand-Morin suit une ligne droite. Cette direction qui se maintient pendant 10 kilom. contraste avec la flexion de la Marne sous la chute de cet affluent. C'est là un effet naturel et nécessaire de l'inégalité de pente des deux cours d'eau. Le Grand-Morin plus lent s'est maintenu, et la Marne trop rapide, si elle eut été directement de Condé-Sainte-Libiaire à Dampmard, décrit un immense circuit. C'est ainsi que les deux cours d'eau se sont équilibrés.

Il ne faudrait pas attribuer au Grand-Morin seul la déviation de la Marne; son action a été secondée par la résistance que la section inférieure de Dampmard à Gournay devait faire, par sa lenteur, à la section contiguë et supérieure de Condé à Dampmard, trop vive sans la modération due à son vaste détour.

2e *Section.*

Le lit du Grand-Morin, entre Crécy et Coulommiers, présente de fréquentes alternatives de lignes droites et courbes. Du moulin de Genevray à Condé son cours est direct, mais au-dessus de Genevray est la presqu'île ou Varenne de Guérard ; de Pommeuse à Courbetin, c'est à peine si le lit éprouve quelques légères fluctuations; mais entre Courbetin et Coulommiers est la Varenne de Triangle, dont le nom peint la forme. Lignes droites et courbes sont une nécessité de la pondération du courant.

3e *Section.*

Entre la Ferté-Gaucher et Jouy, le hameau de la Chair-aux-Gens est posé sur un contre-fort qui s'abaisse longuement dans un circuit formé par le Grand-Morin. La pente présente une dépression qui constitue une véritable encoche sur le point correspondant à l'axe de la rivière. C'est assurément l'effet d'un courant qui s'est produit en cette place lors du dépôt tertiaire.

4e *Section.*

Au-dessus des forêts du Gault et de la Traconne, entre lesquelles il coule, le Grand-Morin offre une particularité intéressante. A Mœurs (long. E. 1° 21', lat. N. 48° 23'), la vallée se bifurque et les eaux se partagent naturellement avec un ruisseau appelé autrefois la Superbe et le plus souvent aujourd'hui les Auges, qui se précipite du plateau tertiaire de la Brie sur la plaine crayeuse de la Champagne, arrose Sézanne et se jette dans l'Aube à Boulage. Le Grand-Morin coule vers le N. O. et la Superbe au S. E., formant par leurs directions opposées une ligne droite dont les deux extrémités sont à 120 kilom. l'une de l'autre. Les eaux divisées à Mœurs se retrouvent réunies au confluent de la Seine et de la Marne, après avoir enveloppé une île de 400 kilom. de tour, qui s'étend sur quatre départements : la Marne, l'Aube, Seine-et-Marne et Seine-et-Oise.

Pour que deux cours d'eau coulant dans le terrain tertiaire, en Brie par exemple, se confondent, il faut que les collines intérieures, qui constituent les parois du plateau séparatif, s'unissent et disparaissent au-dessus du confluent. C'est précisément le contraire qui se voit à Mœurs, pour la bifurcation du Grand-Morin et de la Superbe. La division des eaux s'est opérée par un coteau mitoyen s'élevant entre les deux rivières, à 40 mètres au-dessus de leur lit. Il est vrai que par suite de l'appauvrissement des sources survenu en Brie, comme dans tous les pays où la culture des céréales est substituée depuis des siècles à la végétation spontanée des forêts, on a établi un barrage, avec un système d'auges, qui assure l'alimentation de la Superbe à l'exclusion du Grand-Morin dans les temps d'étiage. Mais ce travail auquel est due la substitution du nom nouveau d'Auges au nom primitif de Superbe n'altère pas le caractère purement naturel de la bifurcation, qui remonte à la formation géologique du plateau et dont on peut se faire une idée parfaitement exacte par le dessin qu'en donne la carte de France du Dépôt de la Guerre.

Quoi que ce soit un phénomène très-rare et dont il n'y a pas d'autre exemple en Europe, qu'un cours d'eau se partageant entre deux bassins distincts comme ceux de la Marne et de l'Aube, cette bifurcation avait échappé à l'attention publique et à l'observation des savants. Elle n'avait été indiquée en aucun ouvrage de géographie locale ou générale. Son origine est d'ailleurs facile à expliquer. Au commencement de la formation tertiaire, un éboulement sur les confins du plateau, ouvrant un passage à la Superbe, lui a permis de se précipiter sur le terrain crayeux. La formation s'est accomplie en laissant subsister le double courant et en édifiant la double vallée.

Lors de la publication de la première édition de cette brochure, un savant ingénieur, ancien élève de l'Ecole polytechnique, m'écrivit : « J'ai lu avec beau-« coup d'intérêt certains des faits que vous notez, et « en particulier cette singulière bifurcation d'un « cours d'eau en deux rivières séparées par un massif « montagneux très-élevé. Il y a là une sorte de con-« tradiction avec les lois habituelles de l'écoulement « des eaux à la surface de la terre. Comment se ferait-« il que dans ce cas particulier le thalweg et la ligne « de faîte du terrain se trouvent confondus ? Cet état « de choses ne serait-il pas dû à un travail d'homme ? « Le fait est nouveau et mérite d'être étudié. »

Le doute formulé ici disparaît à l'inspection des lieux. Chacune des branches de la bifurcation est un canal naturel qui reçoit des affluents. De son côté, un géologue distingué, M. le professeur Raulin, m'écrivait de façon à rassurer ma conviction, si la lettre dont on vient de lire un passage avait pu l'ébranler :

« Je connais de vieille date cette portion des environs « de Paris (la Brie), car je la parcourus dans toutes « les directions lorsque je dressai ma carte géologique « du plateau tertiaire parisien, qui parut au com- « mencement de 1843, et j'ai lu avec intérêt la des- « cription que vous en donnez et que j'accepte « comme bonne et véridique tant que vous restez « dans le domaine des faits. J'ai vu aussi avec plaisir « que vous avez reconnu cette île intérieure formée « par le Grand-Morin et la Marne au nord, et la « rivière des Auges et la Seine au sud, qui rappelle, « bien en petit à la vérité, celle qui est formée dans « l'Amérique du Sud par la bifurcation de l'Oré- « noque, ainsi que je manque rarement de le rappeler « chaque année dans mon cours. »

VI.

L'AUBETIN.

1° Cette rivière, qui est l'affluent le plus important du Grand-Morin, lui donne ses eaux au-dessus de Pommeuse, plus près de Coulommiers que de Crécy. Son cours dévie en inclinant à l'ouest au-dessus de son embouchure pour s'équilibrer avec le Grand-Morin qui maintient sa direction sans fléchir. La pente moyenne du Grand-Morin, de 1 m. 15 par kilomètre sur toute son étendue, se réduit à l'embouchure de l'Aubetin à 1 m. pour une longueur totale de plus de 4 kilom. L'affluent plus rapide a dû se replier sur lui-même.

L'Aubetin ainsi repoussé a débordé des deux côtés de son lit lors de la formation tertiaire, comme l'indique l'élargissement de la vallée. Mais son action ne s'étant pas étendue sur la rive droite du Grand-Morin, la colline de ce côté de la rivière s'élève au-dessus des eaux sans intervalle. Ce rapport constant de la configuration du terrain tertiaire avec les cours d'eau est l'une des preuves les plus certaines de la formation simultanée du plateau et des vallées.

2° Les coteaux de la rive gauche de l'Aubetin sont en général plus raides que ceux de la rive droite, notamment dans la partie intermédiaire de son cours, entre Frétoy et Beauteil. Cette différence s'explique par le partage des eaux entre l'Yères et l'Aubetin, qui, se faisant à l'avantage de la première rivière, ne laisse arriver aucun affluent à la seconde. Le calme a favorisé la raideur des coteaux à gauche de l'Aubetin.

3° L'Aubetin qui a sa source aux Viviers, près de Montaiguillon, non loin de la jonction des départements de la Marne, de l'Aube et de Seine-et-Marne, a conservé la permanence de son cours sur tout son développement, long de 64 kilom., jusqu'à la sécheresse exceptionnelle de 1859 On le citait même comme poissonneux. Mais il ne coule plus constamment depuis cette époque que sur le tiers inférieur de son parcours. Ce fait témoigne de l'abaissement continu du niveau des eaux, et montre comment tant de petits vallons sont veufs de leurs sources. La conclusion est d'autant plus admissible que l'Aubetin a entretenu jusqu'en 1695 l'une des plus grandes nappes d'eau du gouvernement général de la Champagne, dans la place qu'occupe la belle prairie de Montglas, entre Augers et Courtacon, comme le prouve la carte du géographe Jaillon Il y a moins de quarante ans, ce magnifique tapis de verdure était encore un infect marais.

Immédiatement au-dessous des sources était un moulin abandonné faute d'eau et tombé en ruines, il y a longtemps.

VII.

LE PETIT-MORIN.

Les cours d'eau de la Brie coulent dans des vallées formées par deux collines qui se réunissent au sommet en entourant les sources, sortes de coquilles circulaires dues à la formation tertiaire. Le Petit-Morin est le seul dont la vallée manque du cintre résultant de la jonction supérieure des coteaux. C'est que prenant naissance au milieu de la craie, il est nécessairement dépouvu de l'espèce de couronnement dû à la superposition du terrain tertiaire. Cette particularité est d'un grand intérêt géologique. Sans doute, la Marne et la Seine sont dans des conditions analogues, mais elles viennent de loin. l'altitude de leurs sources domine les plus hauts sommets du plateau de la Brie et la puissance de leurs eaux est prodigieuse. Ces circonstances suffisent pour voiler les conséquences qui découlent logiquement de l'existence des coteaux qu'elles doivent au terrain tertiaire.

Le Petit-Morin qui se jette dans la Marne à la Ferté-sous-Jouarre, après un parcours de 75 kilomètres, dont 55 en Brie, prend naissance en Champagne, dans la craie, à Pierre-Morains (long. E. 1° 39'; lat. N. 48° 49'). Entre sa source et la gorge par laquelle il pénètre dans le terrain tertiaire, on ne trouve que les marais de Saint-Gond, dont la longueur ne dépasse pas 20 kilom. Ce terrain qui s'est entr'ouvert pour lui livrer passage s'élève de 60 mètres au-dessus de la source; cependant elle n'est séparée de la Somme, l'un des bras de la Somme-Soude, que par un tertre crayeux dont le faîte ne la surmonte que de 7 mètres et dont la base n'est large que de 3 kilom. De l'autre côté de ce tertre, le lit de la Somme est de 7 mètres en contre-bas des marais de Saint-Gond. Si l'existence du plateau était antérieure à l'éruption de la source, les eaux du Petit-Morin, barrées par le relief de la Brie, se fussent déversées dans la Somme, qui donne aussi ses eaux à la Marne, mais sans pénétrer comme lui dans le terrain tertiaire. Pour s'y rendre de ce côté, le parcours eût été moins long et la pente plus rapide que par la Brie. Il ressort de ces conditions que le Petit-Morin eût pris son cours par la Champagne, s'il n'eût précédé le plateau. On doit le reconnaître à moins d'admettre, chose impossible, que ce plateau avec ses dimensions colossales ait cédé à la pression d'une colonne d'eau qui, limitée par la hauteur du tertre séparant le Petit-Morin du ruisseau de Somme, ne pouvait excéder 7 mètres.

Ce point établi, que la source du Petit-Morin, comme le terrain crayeux et la Champagne d'où elle jaillit, est antérieure au plateau de la Brie, tout s'explique, tout devient rationnel. Le plateau s'est formé graduellement, de bas en haut, par l'accumulation lente et successive des matériaux qui le constituent; le flux et le reflux de la mer ont été les artisans de l'œuvre. Venu de l'ouest par la Seine et ses affluents, dans le sens opposé à la double inclinaison du plateau, le flot s'est étendu aussi loin que le poussa la force d'expansion. Il s'est élevé sur son propre travail par la puissance de la marée. Mais chaque rivière a maintenu son cours en expulsant les matières qui lui eussent fait obstacle, et a ouvert ainsi sa vallée.

CHAPITRE IV.

Opposition entre la pente oblique du plateau et le partage des eaux de la Brie.

J'ai dit que le plateau de la Brie a deux pentes : l'une longitudinale qui descend de l'est à l'ouest comme le courant de la Seine, et l'autre latérale, s'abaissant du nord au sud perpendiculairement au fleuve. L'existence de cette double pente est prouvée par les altitudes des divers points de partage d'eau, s'élevant constamment sur toute l'étendue du plateau dans les deux directions nord et est. La démonstration d'ailleurs complète est confirmée par l'indication des lieux les plus élevés des nouvelles divisions administratives de la Brie. Les deux pentes se résument dans une pente oblique dont le sommet occupe le nord-est de chaque circonscription. C'est la position du pâtis de Troissy par rapport à la Brie.

Si l'on veut chercher la plus grande altitude de la partie de l'arrondissement de Melun située à droite de la Seine, on la trouvera à la naissance du ru d'En-Cœur, sur le territoire de Bailly-Carrois (lat. N. 48° 36', long. E. 0° 42'), limitrophe des arrondissements de Coulommiers et de Provins, où la terre s'élève de 137 mètres au-dessus du niveau marin. Dans l'arrondissement de Provins, toujours à droite de la Seine, elle est à Baleine, commune de S.-Martin-du-Boschet (lat. N. 48° 44', long. E. 1° 8') où le plateau monte à 203 mètres, près du département de la Marne. Dans celui de Coulommiers elle est voisine du hameau de Saint-Georges, écart de Verdelot (lat. N. 48° 54', long. E. 1° 1'), où un monticule atteint à 215 m. sur la lisière du département de l'Aisne.

Cette dernière altitude est la plus élevée du département de Seine-et-Marne, encore bien que par une erreur matérielle, rectifiée sur mes observations, la légende de la carte du Dépôt de la Guerre ait désigné comme en étant le point culminant Cocherel, dans l'arrondissement de Meaux, avec une altitude de 209 mètres, inférieure de 6 m. au faîte du monticule de Saint-Georges. Je me suis aperçu de l'inexactitude de cette énonciation répétée dans tous les ouvrages s'occupant de la topographie de Seine-et-Marne qui ont passé sous mes yeux, à l'aide de ma théorie de la formation simultanée. Au lieu de me livrer à une longue et fastidieuse comparaison de toutes les hauteurs pour trouver l'altitude supérieure, je me dirige à la place qu'elle occupe nécessairement comme conséquence du mode d'édification du plateau, c'est-à-dire au nord-est de chaque district. Cette méthode a le double avantage d'abréger les recherches et de préserver d'erreur.

L'existence de la double pente latérale et longitudinale se réduisant à une seule pente oblique qui descend uniformément de toutes les parties du plateau vers le sud-ouest eût infailliblement conduit à la Seine directement, par des lignes symétriques et parallèles, tous les cours d'eau de la Brie, s'ils n'avaient commencé à couler avant la formation tertiaire. Toutes les rivières de cette contrée, sans exception, eussent suivi l'inclinaison oblique résultant de la combinaison des deux pentes. Veut-on que la résistance de certaines roches ait occasionné des méandres? Toujours est-il qu'aucun cours d'eau n'eût abouti à la rive gauche de la Marne, en opposition avec la pente du plateau. Le partage des eaux entre la Seine et la Marne est formé par une ligne sinueuse moins élevée que les plateaux qui la séparent de la Marne, sur tout le territoire de la Brie; cette seule observation est décisive.

Mais pourquoi les eaux de la Brie se divisent-elles entre la Seine et la Marne? La solution de cette question se trouve dans la disposition du terrain crayeux sur lequel est assis le plateau. En effet, la partie de ce terrain demeurée visible à l'est de la Brie, en Champagne, présente, avec un caractère bien prononcé, deux versants adossés, dont l'un au sud tombe dans l'Aube ou la Seine et l'autre au nord dans la Marne. Celle-ci reçoit notamment la Somme-Soude et la Cosle; au contraire, le Puis, la Lustrelle et la Superbe vont à la Seine par l'Aube, qui se perd à Anglure. La ligne de faîte s'écarte peu de la route de Vitry-le-François à Paris par Sézanne. Si on la poursuit sous le terrain tertiaire jusqu'au confluent de la Seine et de la Marne, on reconnaît que c'est à elle qu'est dû le partage des eaux de la Brie donnant la Voulzie, le ru d'En-Cœur et l'Yères à la Seine ; le Surmelin, le Petit-Morin, le Grand-Morin et l'Aubetin à la Marne. La continuation de cette ligne sous le terrain tertiaire est aussi indéniable que la présence du terrain crayeux à la structure duquel elle est attachée. La longue langue de terre qui, avant la survenance du terrain tertiaire, séparaît l'Aube et la Seine de la Marne, s'abaissait et se rétricissait de l'est à l'ouest, en s'approchant du confluent des deux dernières rivières, par un mouvement identique à ce qui se voit entre la Seine et l'Yonne. Les dépôts tertiaires sont venus couvrir le bec de l'angle, et, indépendamment du témoignage des cours d'eau, la ligne de faîte du terrain crayeux dans la Champagne s'abaisse régulièrement de l'est à l'ouest ; l'altitude de 232 m. entre Cosle et Somme-Puis n'est plus que de 201 m. entre Somme-Sous et Mailly, et de 172 m. entre le Lenharc et Connantray.

La carte hydrographique de la Brie et de la Champagne ne permet pas de distinguer les deux formations géologiques. La disposition des cours d'eau des deux provinces et le partage qui s'en fait entre la Seine et la Marne leur donnent une ressemblance qui indique une commune origine. Ils se confondent si intimement que tandis que le Petit-Morin pénètre de Champagne en Brie, d'autres rivières tombent de Brie en Champagne. Avant nous, M. de Sénarmont avait constaté que les sources de la Voulzie sortaient de la craie (1). Ce qui d'ailleurs prouve invinciblement que

(1) Description géologique de Seine-et-Marne, p. 171.

les vallées proviennent de la superposition postérieure et additionnelle du plateau, c'est que leur profondeur dépend uniquement de son épaisseur, comme le marque la hauteur des coteaux.

Deux observations sont communes à toutes les vallées de l'intérieur de la Brie : premièrement, leur profondeur décroît dans le sens opposé au cours de l'eau, parce que leur inclinaison est plus rapide que celle du plateau, soit à cause de l'altitude primitive des sources dans le terrain crayeux, soit par la surélévation de l'orifice provenant de la formation tertiaire. Et deuxièmement, les collines de la même vallée sont d'inégale hauteur, celle du sud ou de l'ouest étant toujours moins élevée que celle de l'est ou du septentrion. La disproportion est plus grande entre coteaux éloignés, appartenant à plusieurs vallées. La différence provient de ce que la puissance du plateau s'accroît du midi au nord et de l'occident à l'orient. De là résulte que les vallées qui déversent leurs eaux dans la Seine n'acquièrent pas la profondeur de celles qui sont tributaires de la Marne; et que sur chacune de ces deux rivières la profondeur des vallées, mesurée à l'embouchure, s'accroît en raison directe de l'éloignement du confluent de la Seine et de la Marne. Ce n'est pas que le pied des collines descende plus bas sur la Marne que sur la Seine, mais le faîte est plus élevé. Le coteau de la rive gauche de la Marne surmonte de 131 m. la chute du Petit-Morin et ne s'élève que de 93 m. au-dessus de l'embouchure du Grand-Morin; c'est qu'en effet ce coteau s'abaisse incessamment depuis Troissy jusqu'à la Seine. Un mouvement contraire se produit pour les vallées qui découpent le plateau.

A ces seules remarques, on distingue deux formations géologiques de structure et de conditions différentes dont la dernière est nécessairement postérieure aux cours d'eau. Outre que la divergence des rivières s'accorde parfaitement avec la disposition du terrain crayeux sur lequel leur lit fut assis primitivement, elle ne saurait se concilier avec la pente naturelle du terrain tertiaire. D'ailleurs tous les mouvements intérieurs du plateau, depuis les plus douces ondulations jusqu'aux escarpements les plus abrupts, révèlent la présence et l'action des rivières maintenant leur passage entre les dépôts sédimentaires lors de la formation tertiaire.

Il est impossible d'admettre que les eaux ont ouvert les vallées après la formation du plateau, en le déchirant et le découpant dans tous les sens, puisqu'elles eussent été entraînées dans une même direction par la pente oblique L'opinion des géologues en faveur de l'érosion ne saurait continuer à prévaloir à l'encontre d'une loi physique. On ne peut plus la justifier en montrant que les mêmes couches sédimentaires se trouvent à droite et à gauche de chaque cours d'eau, car on comprend, sans qu'il soit besoin d'explication, que le mode de formation constaté par nos observations se concilie parfaitement avec l'identité des matières déposées sur les deux rives.

Dois-je montrer que la conformation des vallées contredit le système de l'érosion? Une preuve entre mille suffira. La colline occidentale de la Brie, qui s'étend de la Seine à la Marne, forme une courbe rentrante horizontale, dont les rayons égaux partent de la jonction des deux rivières. Il est impossible d'expliquer par l'érosion l'enfoncement de cette colline à son milieu, en opposition avec l'angle du confluent. Elle eût produit l'effet contraire, en déterminant une courbe saillante ou convexe dont le double courant eût contourné la base, tandis que la disposition de ce coteau, comme tous les autres accidents du terrain tertiaire, est la conséquence du mode de formation simultanée du plateau et des vallées.

CHAPITRE V.

La butte de Lumigny et celle de Doue.

L'origine de ces deux buttes situées dans l'arrondissement de Coulommiers semble encore entourée de mystère. On se demande si elles sont un produit de la nature ou de l'art. Cette question souvent faite et demeurée sans réponse (1) n'est-elle pas résolue par le mécanisme d'édification que je signale? Appliqué à ces buttes, ne montre-t-il pas qu'elles se sont élevées avec le plateau de la Brie?

En donnant la cote d'altitude de la butte de Lumigny (0° 38' long., 48° 43' lat.) avec toutes celles des autres sommets de la rive gauche de la Marne, j'ai montré que supérieure au *Moulin de Jossigny* à l'ouest, et inférieure à *Montebise* à l'est, son élévation est en rapport avec sa situation géographique. Il en est de même de la butte de Doue (0° 50' long., 48° 53' lat.), haute de 181 mètres, l'un des points géodésiques du réseau principal de la carte de France. Elle est en relation avec *Montebise* qui s'élève du côté de l'ouest à 175 m., et avec le territoire de *Bassevelle* à l'est, qui atteint 208 m. La concordance de ces divers sommets avec

(1) Dulaure, *Environs de Paris;* Pascal, *Histoire du département de Seine-et-Marne;* et beaucoup d'autres.

la pente générale du plateau de la Brie, de l'orient à l'occident, ne laisse aucun doute sur la formation géologique. Ce fait constaté, il reste encore à indiquer les conditions auxquelles elles doivent leur physionomie conique si tranchée.

C'est à la faveur du calme que les sédiments se sont précipités pour constituer ces éminences, et c'est à l'agitation des eaux vives que sont dues les dépressions du voisinage qui leur donnent tant de relief. Comment en douter, quand la structure particulière de chaque butte correspond à la disposition des cours d'eau environnants?

La forme de la butte de Lumigny est celle d'un mamelon dominant de toutes parts, d'à peu près 40 mètres, la plaine qui s'étend au pied, parce qu'elle est entourée de cours d'eau dont le mouvement a entraîné les sédiments. Mais au centre, sur le point où l'action des eaux courantes ne s'est pas fait sentir, les troubles ont donné naissance à l'éminence en s'accumulant. Les cours d'eau qui l'ont rendue ainsi apparente sont l'Aubetin, affluent du Grand-Morin, le ruisseau qui baigne Mortcerf, autre tributaire du Grand-Morin, le petit bras de l'Yères et le Brejon qui arrose la Houssaie, Marles et Fontenay, et se jette dans l'Yères au-dessous de Chaumes.

Autre est la configuration de la butte de Doue, dominant le confluent de deux faibles ruisseaux qui, après avoir baigné, l'un le village de Melarcher à l'est, et l'autre le hameau du Plessier à l'ouest, se réunissent au sud pour constituer le ru des Avenelles, affluent du Grand-Morin. L'éminence dont les flancs sont visibles sur ces trois aspects, présente, au-dessus du confluent, une croupe haute de 42 mètres. L'action des cours d'eau a emporté les sédiments en même temps que les matériaux dont la butte se compose se sont déposés dans le calme sur l'intervalle qui les sépare. Mais au nord, en opposition avec le confluent et en dehors du mouvement des eaux, le plateau continue à s'élever lentement jusqu'à Bois-Boudry, où il atteint 183 mètres, et gagne la crête des versants adossés du Petit-Morin et du Grand-Morin.

La vue de la butte de Doue est favorisée du côté de l'ouest par les vastes étangs de la Loge, dont les sources ont déterminé une telle concavité à la surface du terrain, qu'ils occupent entre Montebise et la butte le point le plus bas de la ligne de faîte qui divise les eaux entre le Grand-Morin et le Petit-Morin.

On suit les mouvements du flux et du reflux dans les contours et les ondulations du sol. Le flot qui charria les sédiments dont est formée la butte de Lumigny, vint et se retira d'un côté par la Seine, l'Yères et le Brejon, et de l'autre par la Marne, le Grand-Morin, l'Aubetin et le ruisseau qui baigne Mortcerf. L'emplacement qu'elle occupe fut à la fois le point de rassemblement et de partage de ces divers courants. Quant à la butte de Doue, sur le versant septentrional du Grand-Morin, elle est formée de matières que le flot déposa entre les deux petits ruisseaux qui en font une péninsule.

CHAPITRE VI.

L'inclinaison du plateau de la Brie est indépendante de tout soulèvement.

Je ne me suis pas dissimulé que le mode de formation constaté par mes observations est en désaccord avec les idées admises dont le vénérable et savant A. de Humbold s'est fait l'interprète en disant : (1)

« Si les roches d'éruption n'avaient pas soulevé les « roches sédimentaires, la surface de notre planète « consisterait *en couches horizontales* régulièrement « disposées les unes au-dessus des autres. Dépourvue « de nos chaînes de montagnes, à peine si la surface « de nos continents serait accidentée par quelques « ravins, par l'accumulation de quelques détritus, « *insignifiants produits de la force d'érosion et de trans-* « *port des faibles courants d'eau.* Mais, à toutes les « époques, les forces souterraines ont agi pour modi- « fier le monde primitif. »

De longues observations me font dire que les roches d'éruption n'ont jamais soulevé le plateau de la Brie non plus que les autres parties de terrain tertiaire que j'ai étudiées.

---

(1) Cosmos, 1re partie, pages 289 et 290.

Comme la marée monte et s'abaisse incessamment, les stratifications qu'elle a produites en Brie, modelées par le mouvement alternatif d'exhaussement et de retraite, sont nécessairement inclinées. Cette seule observation suffit pour détruire L'HYPOTHÈSE *de l'horizontalité primitive des couches sur laquelle repose l'idée de soulèvement*. Ce n'est pas tout. Le soulèvement eut agi sur la masse entière du plateau. Or, la base ne présente pas l'inclinaison de la surface : l'épaisseur du plateau s'accroît de l'ouest à l'est et du sud au nord, et *la pente est l'effet naturel de cette conformation*. Les cours d'eau antérieurs au terrain tertiaire, en faisant obstacle à la précipitation des sédiments qui eussent rempli leur lit, ont produit les vallées aux collines douces ou rapides, dont l'existence est indépendante de toute érosion. Enfin, si la pente sur laquelle glissa le flot est lente, à la limite orientale de la Brie, est le relief qui représente la puissance de la formation. S'il n'y avait pas eu de cours d'eau, il n'y aurait pas de vallée ; cependant le relief terminal n'existerait pas moins, puisqu'il est une manifestation inséparable du plateau dont il indique une face : l'épaisseur.

Il est remarquable que la formation ne finit pas en s'amincissant pour se niveler avec la craie, mais qu'au contraire le relief terminal s'élève brusquement jusqu'à 200 mètres au-dessus du sol crétacé. Ce mouvement, *indépendant de tout soulèvement comme de toute érosion*, provient de ce que le terrain tertiaire n'a pas été formé par la pleine mer, mais par la seule action de la marée s'élevant graduellement avec lui, couvrant et découvrant alternativement l'emplacement qu'il occupe. De même qu'on voit à l'œuvre le développement du flot, on comprend très-bien qu'il dut être limité dans l'espace comme dans le temps par le mouvement opposé qui l'éleva et l'abaissa, qui le soutint et le refoula.

On ne peut pas même dire que ce fut par suite du soulèvement d'un point quelconque de l'écorce terrestre que le flux de la mer, s'épanchant sur la craie, forma le terrain tertiaire de la Brie, car si on assignait cette cause à l'envahissement du flot, on serait conduit à expliquer sa disparition par un mouvement analogue en sens contraire. L'une de ces hypothèses contredit l'autre. Comme on retrouve aujourd'hui toutes les dispositions résultant rationnellement du mode de formation, il est indubitable que le plateau de la Brie n'a éprouvé aucune modification violente dans sa structure ni dans son inclinaison.

A mes yeux, attribuer les grands mouvements que présente la surface de notre planète au soulèvement des roches sédimentaires par des roches d'éruption, exclusivement, comme l'a fait A. de Humboldt, c'est exagérer la part d'action des soulèvements et méconnaître les effets variés et multiples de formations successives, dont chacune a ses conditions propres et sa structure particulière.

CHAPITRE VII.

Coup-d'œil comparatif sur les bassins tertiaires de la Seine, de la Loire et de la Gironde.

Les ressemblances et les différences de structure qu'offre le terrain tertiaire de ces trois bassins, s'expliquent rationnellement par le mode de formation simultanée. Analogies et contrastes procèdent toujours de l'identité ou de la diversité des conditions oragraphiques et hydrographiques dans lesquelles les sédiments constitutifs ont été déposés. Le système est le même ; la variété est l'effet des circonstances locales.

1° *Bassin de la Seine.*

L'analogie est complète entre la Brie et tout le terrain tertiaire compris entre l'Oise, la Seine et la Marne. Il ne se trouve dans cette contrée, non plus qu'en Brie, aucune crête de formation antérieure ayant fait obstacle au développement ou au retrait calme et régulier du flot, ni au dépôt des sédiments dont il était chargé. Aussi, partout existe la double rampe longitudinale et latérale observée en Brie. La formation se termine par un relief dominant le terrain crayeux entre l'Oise et la Marne, comme entre la

Marne et la Seine. C'est cet ensemble qui, dans la géographie physique, constituait l'*Ile de France*, dont les limites politiques ont varié. Le lieu le plus élevé, situé à la limite orientale et fort avancé vers le nord, est à Verzy, sur la rive gauche de la Vesle, où l'altitude est à 280 mètres au-dessus du niveau de la mer. De ce point s'abaissent les pentes, l'une, perpendiculaire au cours de la Seine, suit le relief terminal du terrain tertiaire jusqu'à Montereau-faut-Yonne; l'autre, parallèle au cours du fleuve, est attachée au relief terminal qui s'étend jusqu'à la Fère. Ces deux pentes combinées font une pente oblique sur la diagonale qui, partant de Verzy, aboutit au confluent de la Seine et de l'Oise.

La Vesle, l'Aisne et l'Oise s'engageant dans la formation tertiaire y ont occasionné des échancrures moins vastes que celle produite par la Seine, mais de dimensions à peu près égales à celles auxquelles donnèrent lieu la Marne et le Petit-Morin. L'étendue respective de ces baies est proportionnée à celle des versants du terrain crétacé. Elles sont aussi accompagnées de buttes tertiaires détachées du plateau. On remarque notamment, à droite de la Vesle, celle du Noireau, haute de 260 m., à l'opposite de Verzy, et celle de Berru, à l'est de Reims; toutes deux, comme le Mont-Aimé, ont été utilisées pour les opérations trigonométriques de la carte de France. — La répétition constante de ces phénomènes prouve la liaison intime et inévitable de la falaise barrant les eaux, de l'échancrure qui précède la vallée par où elles s'écoulèrent et du monticule isolé dû aux sédiments dont les eaux se dépouillèrent.

Si le terrain tertiaire assis sur la rive droite de la Seine, en amont de l'Oise, constitue un plateau d'une disposition uniforme, c'est que cette contrée ne communique avec la mer que par le fleuve. Le flot qui, la couvrant et la découvrant alternativement, y déposa en couches superposées les matériaux constitutifs, partait du confluent de la Seine et de l'Oise, et y revenait toujours. La pente est la reproduction exacte de cette disposition. La tranche visible sur le périmètre indique naturellement la puissance des dépôts. Mais, au contraire, entre l'Oise et la Manche, un grand nombre de ruisseaux et de rivières débouchant les uns dans la Seine et les autres dans la mer, ont livré passage au flot agent de la formation tertiaire qui, s'élevant de toutes parts, convergea vers un même point et divergea dans le mouvement de retraite. De là, la multiplicité des pentes. La réunion des flots venus de points opposés masqua l'épaisseur des strates en les confondant. De plus, une protubérance de terrains secondaires, parallèle au cours inférieur de la Seine, qui se dresse au milieu de la formation tertiaire et constitue le pays de Bray, entre Beauvais et Neufchâtel, troubla la marche du flux et du reflux, ajouta à la divergence des pentes et occasionna des courants dont la violence fractionna les dépôts tertiaires.

A droite de l'Oise, les lits des cours d'eau inférieurs aux plus basses couches de la formation tertiaire, montrent encore que leur existence est antérieure à cette formation.

Sur la rive gauche de la Seine, la Dives, la Touques et la Rille, qui se perdent dans la mer après avoir découpé le terrain tertiaire, confondent leurs embouchures avec celle du fleuve. Leurs cours étant parallèles, on ne rencontre pas de ce côté la divergence de pentes qui existe de l'autre. Quoique leur lit s'enfonce dans le terrain secondaire qui affleure sur les berges, aucune solution de continuité ne se montre entr'elles dans le terrain tertiaire, qui s'élève par une rampe rapide, d'une altitude de 135 mètres, sur le littoral à gauche de la Touques, jusqu'à 321 mètres, près du village de Champhaut, au sommet de la vallée, où il s'amincit pour se niveler au joint avec l'assise du grès vert. Exmes, Moulin-la-Marche, Longny et Moulin-Renault sont sur la limite des deux formations. Le terrain tertiaire fléchit au sud-est en s'éloignant du grès vert pour gagner la contrée où il deviendra commun aux bassins de la Seine et de la Loire. A La Loupe, entre l'Eure et le Loir, il reste à 241 mètres; il s'abaisse davantage encore quand les deux bassins géologiques se confondent, descendant à 163 mètres entre Minières au nord de Chartres et Saint-Loup au sud de Bonneval, et tombant à 129 mètres à Neuville-au-Bois : c'est sa moindre altitude sur la ligne de faîte entre les deux fleuves. Il se relève à 173 mètres au signal de Châtillon, entre les sources de l'Essonne et celle d'un petit ruisseau ayant son embouchure dans le canal d'Orléans, à Fay-aux-Loges, et atteint 222 mètres à celui de Montifaux. Ici le bassin tertiaire de la Seine se sépare de celui de la Loire et retrouve à sa limite la bande circulaire de grès vert. Aux Fontaines, sur un affluent de la rive gauche du Loing, il monte à 399 mètres, son altitude la plus élevée, puis il se déprime encore dans la vallée de l'Yonne en même temps qu'il se détache du grès vert, pour laisser apparaître entr'eux une bande de craie, et il finit en se rapprochant de la Seine, à Sommeval, où sa hauteur est de 295 mètres.

Ces divers mouvements du terrain tertiaire s'expliquent logiquement : L'étroitesse de l'embouchure du bassin de la Seine provoqua l'ascension du flot sur la rampe de la formation secondaire; voilà la cause des hauteurs acquises par le terrain tertiaire au faîte de la vallée de la Touques ; mais le bassin s'élargissant, les eaux trouvèrent la facilité de s'étendre et dès lors le niveau de la formation tertiaire s'abaissa. Une double condition fit que le point le plus bas de la ligne de faîte de ce terrain, entre la Seine et la Loire, est à Neuville-aux-Bois. — D'une part, ce lieu se trouve sur la direction d'Orléans à Melun, dans le moindre intervalle qui sépare les deux fleuves; les versants adossés de la Seine et de la Loire, plus courts en cet endroit qu'en aucun autre, se sont élevés moins haut. D'une autre part, ce même point qui occupe le centre de la formation tertiaire mitoyenne entre les deux bassins est éloigné de tous côtés des crêtes des terrains plus anciens, qui ont déterminé l'élévation du terrain tertiaire. En effet, la ligne de faîte de ce terrain qui partage les eaux entre la Seine et la Loire, représente exactement la corde de l'arc formé par la bande circulaire de grès vert, et elle s'infléchit mollement avec une si parfaite symétrie que son point le plus bas est juste au milieu.

Sommeval et Verzy sont les deux points extrêmes de la baie qui précède la gorge par laquelle la Seine, grossie de nombreux affluents, entre dans le terrain tertiaire à Montereau-faut-Yonne.

2° *Bassin tertiaire de la Loire.*

Ce bassin est divisé naturellement en deux parties que séparent le grès vert et le terrain jurassique dont les crêtes s'étendent en largeur de Cosnes à Décize, sur le cours de la Loire, et en longueur de la Rochelle à Mézières. Comme la partie inférieure des deux versants du fleuve, en aval de Cosnes, ne présente aucun phénomène dont nous n'ayons eu occasion de signaler et d'expliquer l'analogue dans le bassin tertiaire de la Seine, nous réservons toute notre attention à la partie supérieure, qui commence à la chute de l'Allier et se développe en amont dans la vallée qu'arrose cette rivière jusqu'à Brioude sans interruption, et dans celle de la Loire jusqu'au Puy, sauf toutefois une double lacune causée par les protubérances de terrains plus anciens. La formation tertiaire est coupée par un massif de terrain de transition entre Roanne et Saint-Germain-le-Val, et par un massif de terrains primitifs entre Saint-Rambert et Vaurey, de manière que la plaine de Montbrison et les dépôts du Puy sont isolés des autres parties du bassin tertiaire dont ils dépendent. Cet état de choses, dans lequel de savants géologues ont cru reconnaître les preuves de dislocations ayant soulevé et enfoncé divers points de l'écorce terrestre, nous apparaît au contraire comme l'effet naturel et indubitable des conditions orographiques et hydrographiques toujours subsistantes dans lesquelles la formation tertiaire s'est accomplie.

Le flot qui charria les matériaux du terrain tertiaire s'avançant et se retirant librement dans le bassin de la Seine, la formation géologique à laquelle il donna naissance y eut pour limite le terme de l'expansion permise à la marée par sa durée périodique. Mais sur la Loire, le flot barré par le relèvement du grès vert et des terrains jurassiques, s'introduisit au-delà de ces crêtes par les sections où la Loire et quelques-uns de ses affluents ont leur passage, et il se dépouilla des sédiments dont il était chargé, sur les rives du fleuve, dans cette série de bas-fonds ou de lacs dont le premier et le plus vaste commence au confluent de l'Allier et de la Loire et se bifurque d'une part jusqu'à Brioude et de l'autre jusqu'à Roanne. Chaque réceptacle des sédiments que le flot envoya se trouve aujourd'hui représenté par un dépôt tertiaire. La force de propulsion proportionnée à la masse liquide en mouvement fut de beaucoup supérieure à la retraite; les eaux se trouvèrent ainsi emmagasinées de l'autre côté du terrain jurassique et le niveau de la crue, qui s'abaissa au reflux, fut rétabli à chaque ascension du flot.

De même, le Cher qui traverse les terrains de la formation secondaire, comme la Loire dont il est tributaire, a également donné passage aux matériaux des assises tertiaires qui existent entre Meaulne et Montluçon, au sud du terrain jurassique. L'Aumance, affluent du Cher, a permis d'autres dépôts dans le voisinage de Villefranche. La Creuse et plusieurs des ruisseaux qui l'enrichissent ont donné lieu aux mêmes effets. L'identité de ces phénomènes qui se sont produits dans des conditions semblables en indique la loi.

La Loire est assurément le canal par lequel s'élevèrent, poussés par le flux, les matériaux des diverses parties de terrain tertiaire situées sur ses bords, dans la partie supérieure de son cours. Les hypothèses imaginaires de cataclismes qui auraient bouleversé cette contrée postérieurement à la formation tertiaire doivent s'évanouir devant la réalité des faits.

3° *Bassin tertiaire de la Gironde.*

La seule comparaison des bassins de la Seine et de la Gironde montre par leur opposition l'influence de la structure des formations antérieures. La largeur du terrain tertiaire de la Gironde, très-développée entre l'embouchure de ce fleuve et celle de l'Adour, se réduit incessamment en s'éloignant de l'Océan et ne présente plus qu'une étroite bande à Carcassonne. Le rétrécissement est commandé par le rapprochement des terrains granitiques du plateau central de la France et de la chaîne des Pyrénées, qui sont l'ossature primitive du bassin. La puissance de la formation tertiaire est marquée latéralement par le contact des terrains antérieurs qui l'emprisonnent et sur lesquels rampa le flot qui en charria les sédiments constitutifs. Autre est la conformation du bassin où fut déposé le terrain tertiaire de la Seine. Moins large sur le littoral, entre Pont-l'Evêque et Boulogne, où il est encore obstrué par la protubérance du pays de Bray, qu'entre Saint-Fargeau et Saint-Quentin, il fut favorable à l'épanouissement du flot dans l'espace. Aucun relèvement ne cache la puissance de la formation sur le périmètre qui va de l'Oise à la Marne et de la Marne à la Seine. La hauteur de 399 mètres qu'elle atteint aux Fontaines, à gauche de la Seine, domine toute la région comprise entre ce lieu et la mer du Nord. Des enfoncements ou des soulèvements postérieurs aux dépôts tertiaires en auraient changé le niveau sans en modifier l'étendue. Dès que la surface est déterminée dans l'un et l'autre bassin par les conditions orographiques encore subsistantes, c'est que ces conditions existaient déjà à l'origine de la formation.

De même que le terrain tertiaire du bassin de la Seine s'unit latéralement à celui de la Loire entre Orléans et Melun, le bassin tertiaire de la Garonne est marié à l'extrémité orientale avec celui des vallées de l'Aude et de l'Hérault, puisqu'il s'étend de l'Océan à la Méditerranée, sans solution de continuité.

CHAPITRE VIII° ET DERNIER.

Réponse à deux objections.

Il m'a été présenté deux objections que je ne puis taire, par une lettre que m'adressa, le 21 mai 1865, un professeur dans l'une de nos grandes facultés de sciences :

« Plusieurs raisons militent bien fortement, je « pourrais dire sans réplique, contre votre explication « du relief de la Brie.

« D'abord : l'absence sur un point quelconque de « la surface du globe de relief SOUS-MARIN, je ne dirai « pas semblable mais seulement analogue ; En effet, « examinez toutes les cartes marines des côtes, non « seulement de la France, mais du reste du globe, « cartes qui se comptent par milliers, et vous n'arri- « verez pas à trouver un exemple de plateau *sous-* « *marin* à pente douce, sillonné par d'aussi profondes « vallées. Sur les côtes de France il n'y a qu'un acci- « dent analogue, connu de tous les marins sous le « nom de Fosse du cap Breton, mais ses pentes sont « infiniment plus faibles.

« Mais supposons votre explication bonne pour les « dépôts marins tertiaires qui reposent sur la craie, et « les vallées formées simultanément. Est-ce que vous « croyez possible que les dépôts d'eau douce qui

« forment les deux tiers supérieurs de la surface du « plateau et *qui ont été formés dans des eaux stagnantes*, aient aussi ménagé l'emplacement des di- « verses vallées dans leur précipitation?

« Je n'ai pas trouvé dans votre travail la moindre « mention relative à *ces puissants dépôts*. Il est cepen- « dant impossible que vous ne les connaissiez pas. Ils « vous ont sans doute embarrassé, gêné beaucoup; « mais ce n'était pas une raison pour les passer sous « silence.

« En résumé, monsieur, mes deux principales ob- « jections sont : l'absence des vallées sous-*marines* « semblables dans la nature actuelle; et le non « comblement des vallées par la *puissante nappe la-* « *custre* supérieure. Elles constituent pour moi, « comme pour les autres géologues, deux impossibi- « lités absolues à l'admission de vos théories »

J'ai la confiance de pouvoir répondre à ces deux objections, sans embarras, ni gêne, quoiqu'ait pu penser mon contradicteur.

Il est vrai qu'il n'existe en aucune partie du globe un relief *sous-marin* analogue à la Brie. D'abord la Brie n'est pas un relief *sous-marin*. Je n'ai jamais dit non plus qu'elle fut une formation sous-*marine*. Celui qui a interprêté ainsi ma pensée l'a mal comprise.

La mer qui occupait la surface du terrain crayeux, assise du plateau de la Brie, l'abandonna pour s'étendre sur un autre lieu dont elle s'est emparée. Le bassin où ses eaux se meuvent n'a rien retenu des matériaux dispersés de la contrée qu'elle envahit; le mouvement expulsif de la marée les rejeta sur différents points de l'espace, en dehors des terrains sous-marins. Voilà pourquoi il faut s'abstenir de chercher une analogie impossible entre les terrains sous-marins et les terrains tertiaires.

Une surface des plus unies est la plage sablonneuse de Trouville, que baigne la Touques à la marée basse. Si la mer se déplaçant de nouveau, détruisait encore un autre territoire, elle abandonnerait nécessairement cette plage en même temps qu'elle y transporterait les débris de sa nouvelle conquête. Un relief se formerait sans obstruer le passage de la Touques. Ce changement donnerait lieu à une nouvelle formation géologique analogue quant à sa structure au terrain tertiaire. Une longue suite d'années ou de siècles serait nécessaire à l'accomplissement d'une telle œuvre. L'eau ne pouvant se charger que d'une certaine quantité proportionnelle de sédiments, opérerait les dépôts en couches minces et superposées comme celles du plateau de la Brie.

J'aborde la seconde objection avec la pensée qu'il ne subsiste plus rien de la première.

Il ressort des faits que j'ai notés que la structure du plateau et des vallées de la formation tertiaire est l'œuvre combinée du flux de la mer et des cours d'eau. Après avoir vainement cherché la participation qu'y ont prise les eaux stagnantes, je la nie, de même que j'ai nié la parfaite horizontalité des couches sédimentaires. La stagnation n'a pas produit de *puissants dépôts*, car elle caractérise l'impuissance! Comment l'immobilité aurait elle charrié, accumulé et élevé en couches superposées et légèrement inclinées les matériaux du terrain tertiaire?

La disposition à double versant du terrain crayeux entre la Marne et la Seine, que le partage des eaux rend non moins certaine en Brie où la craie est recouverte par le terrain tertiaire, qu'en Champagne où elle est toujours apparente (chapitre IV), repousse cette supposition d'une vaste nappe d'eau stagnante. Il n'y a de place nulle part en Brie pour une grande concavité où les eaux se seraient amassées.

Les débris d'animaux de mer et d'eau douce et les restes d'êtres organisés terrestres peuvent se trouver réunis ou isolés sur un même point, parce que le flux de la mer charriant les matériaux du terrain tertiaire se mêla le plus souvent avec les eaux fluviales. La distinction entre les dépôts d'eau douce et les dépôts marins de l'époque tertiaire, a été conçue dans l'ignorance du mode de formation. Nous croyons avoir démontré leur commune origine. Si les fossiles marins font défaut dans quelques parties, c'est où les eaux douces dominèrent, notamment vers l'extrémité supérieure de la formation.

CONCLUSION.

Si le procédé d'édification que j'ai tenté d'exposer est exact, comme mes nombreuses observations, d'accord avec l'hydrologie, m'autorisent à le croire, le mouvement de la mer et la préexistence des rivières fournissent une explication satisfaisante du mélange que renferme le plateau de la Brie, comme tout autre terrain tertiaire, de corps organisés appartenant aux régions tropicales et aux climats tempérés, à la mer et aux rivières, sans qu'il soit besoin de prêter au sol crétacé et à notre contrée une richesse de production et une élévation de température que ne justifient pas des fossiles transportés. On trouvera dans l'action des flots, dans la pesanteur spécifique des matières et dans d'autres causes d'agrégation, l'explication de la diversité des roches. On aura enfin une nouvelle voie pour l'exploration des phénomènes de l'écorce terrestre.

Et d'ailleurs, depuis que j'ai pu me rendre compte, par le mode de formation de la Brie, des moindres mouvements du plateau, de la conformation des vallées, et des sinuosités des cours d'eau, je sens qu'à la contemplation de la beauté des sites, s'ajoute un nouvel attrait : l'étude des lois physiques. La pondération des cours d'eau est un des exemples les plus admirables des harmonies de la nature. La structure des vallées témoigne de l'opposition que l'écoulement des rivières fit à l'envahissement des flots. On retrouve jusque dans les plus faibles ondulations du sol, la voie qu'ils suivirent pour s'élever et descendre.

V. PLESSIER.

L'auteur continuera à accueillir avec reconnaissance toutes les communications qu'on voudra bien lui faire, quel qu'en soit le sens, sur ses observations et déductions.

V. P.

TABLE.

Provins. — Imp. de Lebeau.

ERRATA.

Page 20, 10e ligne. *Au lieu de :* li m'a; *lisez :* il m'a.

Page 31, 9e et 10e lignes. *Au lieu de :* on rencontre (sous entendu : en outre) des fragments roulés; *lisez :* on rencontre en outre des fragments roulés.

Page 56, 17e ligne. *Au lieu de :* entre le Lenharre et Connantray; *lisez :* entre Lenhare et Connantray.

Page 66, 9e ligne. *Au lieu de :* oragraphiques; *lisez :* orographiques.

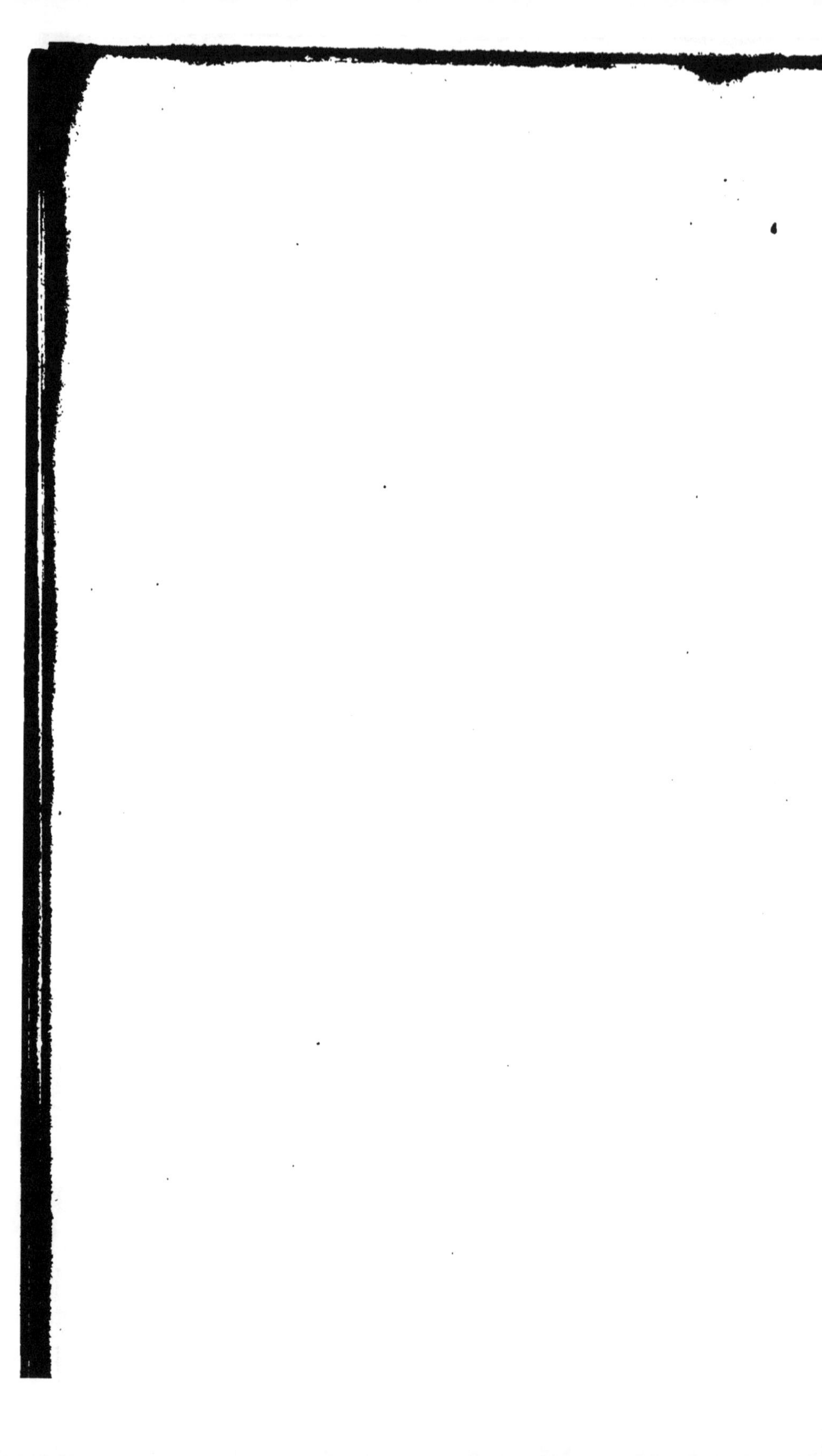

POUR PARAÎTRE PROCHAINEMENT :

RAPPORTS NUMÉRIQUES

ENTRE

LA POPULATION RURALE

ET LE TRAVAIL AGRICOLE

DU DÉPARTEMENT DE SEINE-ET-MARNE,

EN 1806 ET 1856,

PAR V. PLESSIER.

Cet ouvrage, où les communes du département de Seine-et-Marne sont classées méthodiquement selon l'étendue des cultures, constate et explique les changements survenus pendant un demi-siècle dans la distribution de la population. Il a obtenu une mention honorable de l'Académie des Sciences au Concours de Statistique de 1866. Des fragments en ont été publiés par le JOURNAL DES ÉCONOMISTES (*livraison de février* 1868), et par la REVUE DE LA SOCIÉTÉ DE STATISTIQUE (*compte-rendu du Congrès européen de statistique, tenu a Paris à l'occasion de l'Exposition universelle de* 1867).

www.ingramcontent.com/pod-product-compliance
Ingram Content Group UK Ltd.
Pitfield, Milton Keynes, MK11 3LW, UK
UKHW021115260726
13994UKWH00002B/888